国家艺术基金 2016 年度资助项目成果 20165022

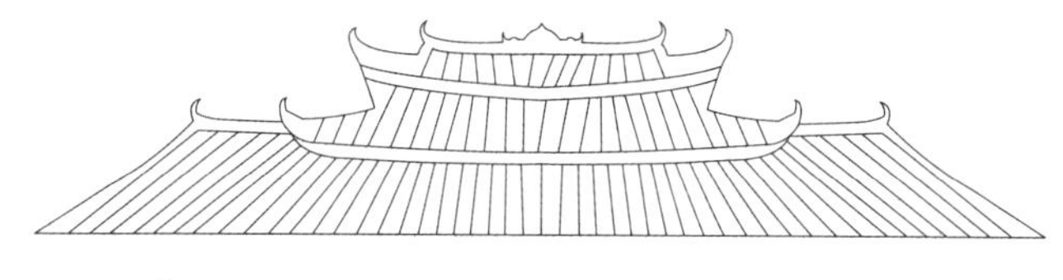

美丽壮乡

民居建筑设计乡土实践与创新人才培养

陶雄军　主　编

玉潘亮　莫敷建　副主编

中国建筑工业出版社

图书在版编目（CIP）数据

美丽壮乡：民居建筑设计乡土实践与创新人才培养／陶雄军主编．—北京：中国建筑工业出版社，2019.8
ISBN 978-7-112-23846-0

Ⅰ．①美…　Ⅱ．①陶…　Ⅲ．①壮族－民居－建筑设计－人才培养－研究－中国　Ⅳ．①TU241.5

中国版本图书馆CIP数据核字（2019）第113565号

责任编辑：唐　旭　陈　畅
责任校对：王　烨

美丽壮乡
——民居建筑设计乡土实践与创新人才培养
陶雄军　主　编
玉潘亮　莫敷建　副主编
*
中国建筑工业出版社出版、发行（北京海淀三里河路9号）
各地新华书店、建筑书店经销
北京锋尚制版有限公司制版
天津翔远印刷有限公司印刷
*
开本：880×1230毫米　1/16　印张：9¾　字数：186千字
2019年9月第一版　2019年9月第一次印刷
定价：68.00元
ISBN 978-7-112-23846-0
（34142）

编委会

序一

党的十九大将“美丽中国”确立为建设社会主义现代化强国的重要目标，同时提出要大力实施乡村振兴战略。2018年中央农村工作会议明确指出，农村是我国传统文明的发源地，乡土文化的根不能断，农村不能成为荒芜的农村、留守的农村、记忆中的故园。如何让农村在传承乡土文化的基础上，融入现代文明元素、留住美丽乡愁，是新乡村文明的探索之路。

传统村落是中华民族特有思想理念的重要载体，能够彰显中华文化特色，弘扬中国精神、传播中国价值，传承人文精神和传统工艺，也是坚定文化自信的有效载体。近年来，广西牢固树立生态文明理念，持续推进美丽乡村建设，在十九大之后启动了乡村振兴三年行动计划，同时大力推进文化产业发展，从多方位着手，推动人居环境持续改善。

国家艺术基金“美丽壮乡”民居建筑艺术设计人才培养项目契合了国家开展乡村振兴“生态宜居”建设及“美丽中国”建设的政策导向，为广西传统村落建筑文化保护与可持续发展，传承和保护壮族民居建筑技艺这一非物质文化遗产起到积极的作用。项目推动了民族地区古村落建筑保护创意设计高级专门人才培养，为“美丽广西”特色乡村、宜居乡村建设工作提供了人才支持，使壮族村落民居建筑艺术在美丽乡村建设中焕发生机。

项目承担的主体——广西艺术学院是文化和旅游部与广西壮族自治区人民政府共建高校，在80年的办学历程中注重民族艺术教育，充分利用师资和政策支持，为研究、保护、传承民族文化遗产，为培养地方文化艺术人才、繁荣社会主义文艺事业做出了突出贡献，国家艺术基金“美丽壮乡”民居建筑艺术设计人才培养项目正是学校服务社会和文化传承创新的积极实践。

项目主持人陶雄军教授长期专注民族传统建筑文脉的研究，出版了《广西北部湾地区建筑文脉》《在地设计》等多部学术著作，致力于将国际前沿设计理念与本土文化相结合，通过对民族设计元素及其再生手法的应用研究，使建筑设计的民族性和现代性有机结合。项目团队还承担了《东南亚建筑研究》《广西民居分类研究》等课题，创作了一批具有鲜明广西地域特色的乡村改造与建筑设计作品，荣获全国优秀工程勘察设计行业奖一等奖、中国建筑学会“全国人居经典建筑规划设计方案竞赛金奖”、广西社科优秀成果奖等专业奖项。

目前，项目已经顺利结题，学员们创作的30件特色鲜明的民居建筑设计作品公开展出，获得各界好评。我们也将项目设计成果汇集成册、公开出版，希望进一步扩大项目的社会影响力，使其成为广西“乡村振兴”“美丽广西”建设的亮丽“名片”。

广西艺术学院副院长　陈应鑫

2019年3月12日

序二

国家艺术基金是由国家设立，旨在繁荣艺术创作、打造和推广原创精品力作、培养艺术创作人才、推进国家艺术事业健康发展的公益性基金。由广西艺术学院建筑艺术学院副院长陶雄军教授主持的2016年度国家艺术基金“美丽壮乡”民居建筑艺术设计人才培养项目，目的在于培养新型民居建筑艺术设计的高级人才，探索民族建筑设计创新和民居村落的有机再生，推动新型民居建筑艺术创作繁荣发展。由艺术类院校承担建筑艺术设计的人才培养，具有非常契合的优势条件。该项目聚焦“美丽壮乡”主题，进行民居建筑艺术设计创作与人才培养，非常符合国家与地方的相关政策与需求，是落实习近平总书记在文艺工作座谈会上的讲话精神和十九大精神的一个体现。

建筑艺术设计是艺术学门类中重要的领域，建筑是一种具有象征性的视觉艺术，充分体现了功用和审美、技术与艺术的有机结合。人类从远古时代就开始了艺术造型的探索，典型的如雕塑、建筑的造型，都十分重视形式美规律的运用，艺术体现和物化着人的一定审美观念、审美趣味与审美理想。俄国作家列夫·托尔斯泰就曾在他的《论艺术》中指出：文艺创作是艺术家“在自己的心里唤起曾一度体验过的感情并且在唤起这种感情之后，用动作、线条、色彩、声音及言词所表达的形象来传达出这种感情”。达·芬奇热心于艺术创作和理论研究，研究如何用线条与立体造型去表现形体的各种问题，他既是雕塑家又是建筑工程师。解构主义建筑师弗兰克·盖里的设计作品以其奇特不规则的曲线造型以及雕塑般的外观而著称。

广西美术家协会一直积极支持该项目的开展。广西美术家协会成立以来，为广西壮族自治区美术事业的发展，为中国少数民族文化的建设做出了突出贡献。本人应邀担任了该项目的造型艺术教学导师，为学员们讲授了审美思想与造型艺术方面的知识，提出要综合运用建筑艺术独特的艺术语言，使建筑形象具有文化价值和审美价值，具有象征性和形式美。

传统建筑承载了丰富的人文信息、造型艺术、空间艺术、材料肌理、装饰艺术等，往往代表了同时代的工程技术与工艺美术水平。项目从广西本土优秀壮乡文化入手，注重民族建筑文化的传承与创新，结合艺术设计实践的人才培养方式，弘扬中华民族传统文化。项目的开展对广西传统民居建筑的保护、传承与创新发展，对广西文艺创作的繁荣、专项设计人才的培养以及乡村振兴、新农村建设都具有很好的促进作用。项目的理论与实践性研究成果，为当前的乡村民居建筑设计，带来了新的启示。

广西美术家协会主席　石向东

2019年3月5日

目录

039 3 设计成果

091 4 学员论文

125 5 教师总结

143 后记

1 项目概述

1.1 国家艺术基金简介

为繁荣发展艺术事业，经国务院批准，设立国家艺术基金（英文名称为China National Arts Fund，英文缩写为CNAF）。国家艺术基金是由国家设立，旨在繁荣艺术创作、打造和推广原创精品力作、培养艺术创作人才、推进国家艺术事业健康发展的公益性基金。国家艺术基金坚持文艺“为人民服务、为社会主义服务”的方向和“百花齐放、百家争鸣”的方针，尊重艺术规律，鼓励探索与创新，倡导诚信与包容，坚持“面向社会、公开透明、统筹兼顾、突出重点”的工作原则。国家艺术基金资助范围包括艺术的创作生产、传播交流推广、征集收藏、人才培养等方面。项目资助立足示范性、导向性，努力体现国家艺术水准。（来源：国家艺术基金章程）

1.2 美丽壮乡——民居建筑艺术人才培养项目简介

“美丽壮乡”民居建筑艺术设计是由广西艺术学院承担的国家艺术基金2016年度人才培养资助项目，其目的是让学员领略壮族民居建筑艺术的魅力，掌握民族村落建筑保护与创新发展的国际前沿理念，积累乡土建筑实践经验，培养新型民居建筑艺术设计的高级人才。项目将与当地政府有关部门配合，强调建筑与艺术结合，打造壮乡新型民居建筑艺术示范村，探索民族建筑设计创新和民族村落的有机再生。

國家藝術基金

CHINA NATIONAL ARTS FUND

2016年度资助项目立项通知书

广西艺术学院：

你单位申报的美丽壮乡——民居建筑艺术设计人才培养项目已确定为国家艺术基金2016年度资助项目，资助金额为人民币捌拾万元整。请认真做好项目的组织实施工作，追求艺术卓越，攀登艺术高峰，确保项目按期保质完成。

特此通知。

国家艺术基金管理中心

2016年8月

证书编号：20165022

国家艺术基金项目立项通知书

1.3 广西艺术学院介绍

广西艺术学院始建于1938年1月，是全国6所省（区）属综合性艺术类本科高等学校之一，文化部与广西壮族自治区人民政府共建高校，教育部本科教育教学评估优秀高校，广西博士点立项建设高校。广西艺术学院现有6个硕士一级学科、37个硕士二级学科，3个硕士专业学位授权点，33个本科专业。现有全日制在校生15373人，其中研究生1169人。近5年来，获得国家级和省部级科研项目267项，发表学术论文2150多篇，出版专著60多部，专利10余项。获全国美展奖项、中国音乐“金钟奖”、文华艺术院校奖、中国戏剧奖——校园戏剧奖等37项，“漓江画派”走向全国、走向世界，“中国-东盟建筑艺术高峰论坛”已逐步形成知名品牌，“中国-东盟音乐周”成为全国“新音乐”创作三大平台之一。学校拥有国家级特色专业、国家精品课程、国家级人才培养模式创新实验区、国家级实验教学示范中心、国家级教学团队、中国-东盟艺术人才培训中心等。学校与东盟、欧美国家及中国台湾地区30余所艺术院校开展交流与合作。在“十三五”的规划中，学校以“国内一流、国际有影响、特色鲜明的综合性艺术大学”为发展建设目标，努力为促进国家和地方经济社会发展，特别是文化艺术事业的繁荣和发展做出更大的贡献。

广西艺术学院

1.4 建筑艺术学院介绍

广西艺术学院建筑艺术学院源于1960年学院开设的工艺美术专业设计专业，具有52年发展历史，1999年成立环境艺术教研室，2007年成立会展策划与设计教研室，2010年成立环境艺术系、会展艺术系，2012年上半年，在环境艺术系，会展艺术系的构架基础上，组建成立建筑艺术学院。本院现有专业教师分别毕业于清华大学、中山大学、厦门大学、中央美术学院、英国谢菲尔德大学、伦敦艺术大学、巴黎国立高等装饰艺术学院、华南理工大学、华南农业大学、武汉理工大学、四川大学、四川美术学院、广西大学、广西艺术学院等国内外知名高校。学院现有教师56人，其中教授6人，副教授13人，平均年龄35岁，是一支老中青结合并呈年轻化的队伍；硕士研究生占90%以上，学院构成合理，阶梯层次分明，具有较强的教学能力、实践能力、科研能力。获批各级科研项目70余项，其中包括国家级科研立项3项：江波教授荣获2016文化部文化艺术研究项目《基于延边民族文化特性的景观设计研究》，陶雄军教授荣获国家艺术基金2016年度艺术人才培养资助项目《“美丽壮乡”民居建筑艺术设计人才培养》，陈建国教授荣获国家艺术基金2017年度艺术人才培养资助项目《广西乡土景观艺术设计人才培养》，以及韦自力教授荣获的2015年度文化部文化艺术科学研究项目“广西壮族干栏木构建筑技艺再造价值研究”等省部级和厅级科研、教改立项累计20余项；发表学术论文、教改论文50篇以上，其中核心期刊学术论文20余篇；出版《水车集》《木叶集》《火花集》《广西北部湾地区建筑文脉》《广西当代地域性建筑》等学术专著和教材共19项；获得《侗族椅子》《瑶族长鼓图腾柱景观灯柱》等国家知识产权局专利6项；此外，近三年所获奖项累计高达180项，在国内业界具有较高的知名度和影响力，教师整体团结向上、活力盎然。

建筑艺术学院下设环境艺术系、会展艺术系、园林景观系、室内设计系、建筑设计系等五个系部。同时设置了国际交流部、新闻信息部、实践创新部、研究生与科研部、德育部等五个辅助管理服务部门。现有在校生人数1253人，其中本科36个班共1168人，研究生85人。开设有4个本科专业（环境设计、风景园林、艺术与科技、建筑学），7个硕士专业研究方向（西南民族传统建筑与现代环境艺术设计、环境艺术设计、室内设计、会展艺术与建筑空间设计、城市景观艺术设计、风景建筑设计、风景园林）。作为在广西建筑领域培养空间艺术设计专业人才的排头兵，建筑艺术学院在专业教学中特别强调艺术与技术的学科交叉与融合，鼓励学生在空间创作中凸显地域性、文化性、时代性，以适应当今社会多元化发展的趋势，构建独具特色的创新实践型人才培养模式。源于艺术，建筑艺术学院以社会需求为导向，依托艺术学、设计学、建筑学、风景园林学等学科，通过一定的专业设计训练，培养具有现代设计师基本素养，具备创新意识和分析解决问题的能力，能从事建筑环境艺术设计、室内艺术设计、风景园林设计、会展设计及相关空间艺术设计及研究的创新应用型人才，以适应社会多元化发展的趋势，积极服务广西地方经济发展，为支持北部湾地区腾飞而努力！

1.5 教学团队介绍

1.5.1 项目负责人

陶雄军

广西艺术学院建筑艺术学院副院长、教授、硕导、环境设计学科带头人。澳大利亚新南威尔士大学高级访问学者，全国青联委员，民建广西区委委员。广西统一战线艺术家联谊会副会长、广西青年美术家协会副主席，广西建筑装饰协会设计分会会长。中国百佳室内建筑师荣誉称号，广西文化与旅游厅、南宁市规划局等专家库专家。

◀ 项目负责人陶雄军

主持多项国家级、省级课题，著有《广西北部湾地区建筑文脉》《在地设计》等多部学术著作，发表学术论文20余篇。多次荣获国际、国内设计金奖，2016年获“广西第十四次社会科学优秀成果奖三等奖”，2018年发表的论文:《探索传统村落保护的社会可持续化发展设计策略》入选第6届世界遗产可持续发展大会论文集，并在大会进行论文宣读。

主持与参与国家级课题：主持2016年中国国家艺术基金项目《“美丽壮乡”——民居建筑艺术设计人才培养》。参与广西民族大学龚永辉教授主持的国家社科基金重大项目“构建中华各民族共有精神家园的少数民族视域研究”的子项目研究。

担任国际课题导师：2015年由澳大利亚堪培拉大学、上海交通大学联合举办的中澳健康老龄化跨文化设计（Finding cross-cultural design solutions for healthy aging in China and Australia）国际课题。2016年澳大利亚堪培拉大学、莫纳什大学等联合举办的中澳跨文化联合设计工作坊。

主持多项省级课题：省级重点课题《艺术与技术整合的环境设计专业建设与实践》《广西北部湾新农村民俗文化旅游景观艺术研究》、研究生教育创新计划项目《广西传统村落创意设计工作营教学与实践》《中澳跨文化——老龄化国际设计工作坊实验性教学研究》。

主要设计作品：《爱莲说素膳》获国际建筑景观室内设计金奖，入选上海世博会广西馆视频展播。设计作品曾入选亚洲室内设计联合会设计展。作品《布洛陀高尔夫俱乐部》获中国地域文化设计金奖。主持完成了南宁迪拜七星酒店、百色市惠购商城景观、南宁广告产业园大厦室内设计、湖南韶山圣地大酒店、百色田阳壮城项目等多项工程设计。

部分学术交流及演讲：2014年应邀在印度尼西亚马拉拿达大学举办学术讲座，2015年应邀在中国台湾东方设计大学举办学术讲座，2015年、2016年在两届中国-东盟建筑空间教育高峰论坛做主题学术演讲。2017年在澳大利亚新南威尔士大学担任国际访问学者，2018年在重庆师范大学举办主题学术讲座，在第23届中国民居大会论坛宣讲论文，在庆祝广西成立60周年大庆特别报道中对广西传统村落非遗文化进行解析。

1.5.2 项目组成员

徐洪涛（项目组成员）

国家一级注册建筑师，教授级高级工程师。现任华蓝设计（集团）有限公司副总建筑师、设计研究院总建筑师。东南大学建筑学学士，清华大学建筑学硕士，西安建筑科技大学建筑学在读博士。

◀ 徐洪涛

专注广西地域性建筑的研究，参与《东南亚建筑研究》《广西民居分类研究》等课题，主编了《南宁建筑50年》一书，2011年以来发表论文10篇。创作了广西美术馆、南宁博物馆、北部湾丝绸之路博物馆、广西新媒体中心、南国弈园等一批具有鲜明广西地域特色的建筑设计作品。获全国优秀工程勘察设计行业奖一等奖，中国建筑学会“全国人居经典建筑规划设计方案竞赛金奖”，广西工程勘察设计一等奖，2014年获第十届中国建筑学会青年建筑师奖。

邓军（项目组成员）

教授，硕士研究生导师，时任广西艺术学院党委书记，艺术管理学科带头人，长期从事文化艺术管理和文化产业管理研究以及教学。

◀ 邓军

出版《网络思想政治教育概论》《艺术院校思想政治理论课教学研究》等学术论著5部（含合著），主编《在艺术中升华的理论》《黄格胜：艺术与教育》等研究文集3部；在《社会主义研究》《学术论坛》《新闻界》等杂志上发表学术论文近40篇。现主持省级科研课题4项，作为主要成员参与省级科研项目3项、厅级科研项目11项；获自治区级优秀教学成果三等奖1项。曾多次主持广西壮族自治区级大型科研学术活动，担任中华人民共和国外交部授牌成立的“中国-东盟艺术人才培训中心”项目负责人。

玉潘亮（项目组成员）

壮族，正高级工程师，硕士研究生导师，广西艺术学院建筑艺术实验中心主任、建筑系主任、中国民族建筑研究会民居建筑专业委员会学术委员、华南理工大学访问学者。先后毕业于清华大学美术学院和华南理工大学建筑学院，曾就职于广西华蓝设计（集团）有限公司，主持和参与设计广西体育中心游泳跳水馆、广西壮族自治区方志馆、柳州市"百里柳江"景观控制性规划、南宁市荔园山庄等数十个项目，曾获全国优秀工程勘察设计一等奖、中国建筑艺术青年设计师奖专业组银奖等多个奖项。

◀ 玉潘亮

独立专著《广西当代地域性建筑》获广西第十五次社会科学优秀成果三等奖，合著《现代建筑技术的艺术表现》，发表学术论文《中国传统城市营建艺术与围棋的审美共通性》等10余篇。

莫敷建（项目组成员）

副教授，硕士研究生导师，广西艺术学院建筑艺术学院副院长，兼任环境艺术系主任。多年来一直专注于西南传统民居建筑研究与现代环境设计教学，对少数民族聚居村落的保护与传承、乡村营建项目等有着丰富的实践经验。主持完成腾讯慈善基金会项目——铜关侗族大歌生态博物馆设计项目建设。

◀ 莫敷建

出版专著有《互联网+乡村营建项目多主体设计研究》，发表的相关学术论文有《浅谈文化对古代中国建筑样式的影响》《古代山水诗文中的山居建筑意象》《浅谈当代仿古建筑的发展受限》等，《What Do the Remote Mountain Villagers Need》发表于国外学术杂志《TOUCHPOINT》。主持文化和旅游部"文化产业双创扶持计划"项目。主持区教育厅项目广西高校中青年教师基础能力提升项目《基于互联网思维的传统聚居村落传承设计研究》。主持广西高等教育本科教学改革工程立项项目《基于环境设计实创人才培养实验班的设计精英人才培养模式研究》，在设计教育导入服务设计教育教学改革方面，已形成较为系统的实证与理论研究方法。

徐放（项目组特邀成员）

澳大利亚新南威尔士大学艺术与设计学院院务委员会委员，空间设计系主任、教授、博士生导师，清华大学美术学院杰出校友，广西艺术学院客座教授。

◀ 徐放

1.5.3 授课教师

江　波

时任广西艺术学院建筑艺术学院院长、教授、硕士生导师、艺术与科技学科带头人，中国美术家协会会员、中国工业设计协会展示设计专业委员会会员、广西水彩画会理事。主持2016文化部文化艺术科学研究项目《基于沿边民族文化特性的景观设计研究》等多项国家级、省部级项目，出版多部教材。

黄文宪

广西艺术学院建筑艺术学院教授、硕士生导师，历任广西艺术学院建筑艺术学院院长、中国建筑学会室内设计分会常务理事、广西室内设计学会会长、广西建筑装饰协会副理事长、广西传统村落保护发展专家委员会特聘专家、广西开明画院院长、广西清华校友会会长。

石向东

广西艺术学院造型艺术学院副院长、教授、硕士生导师，广西美术家协会主席、中国雕塑学会常务理事。

唐孝祥　华南理工大学建筑学院教授、博士生导师。中国民族建筑研究会专家委员会副主任、中国建筑学会岭南建筑学术委员会副主任委员兼秘书长、中国民族建筑研究会民居建筑专业委员会副主任委员兼秘书长、国家住房和城乡建设部传统民居保护专家委员会委员。

陆　琦　华南理工大学建筑学院教授、博士生导师，中国民族建筑研究会民居建筑专业委员会主任委员，专著有《岭南园林艺术》《岭南造园与审美》《中国民族建筑概览——华南卷》《中国建筑艺术全集21　宅第建筑（二）（南方汉族）》《中国民居装饰装修艺术》《中国古民居之旅》《中国民居建筑丛书——广东民居》等。

吴桂宁　华南理工大学建筑学院教授、硕士生导师。1998年获广东省南粤教坛新秀称号，华南理工大学建筑学院“兴华人才工程”团队校级学术骨干。

傅　炯　上海交通大学设计系副主任、副教授。中国社会学学会会员，英国邓迪大学访问学者。消费者研究、色彩趋势研究专家。2008年创办InsightShanghai 上海国际设计趋势高峰论坛。

龚永辉　广西民族学院民研所教授、博士生导师，民族理论与政策学科带头人，广西优秀专家。

杨似玉　第五届“中国工艺美术大师”，被国家文化部以“侗族木构建筑营造技艺”确定为第一批国家级非物质文化遗产项目代表性传承人，为广西唯一一人。

黄槐武　广西文物保护与考古研究所副所长、研究员。毕业于复旦大学文博专业文物保护方向，长期从事古建筑、古遗址、石质文物及馆藏文物的保护、管理和鉴定工作。现任广西文物保护与考古研究所副所长、研究员，中国化学会应用化学委员会考古与文物保护化学委员会委员、中国文物学会民族民俗专业委员会常务理事，拥有国家文物局批准的文物保护工程勘察职业资格。

谢小英

广西大学土木建筑工程学院副教授、华南理工大学建筑历史与理论专业方向博士、中国民族建筑研究会民居建筑专业委员会学术委员、广西传统村落保护发展专家委员会委员。

熊　伟

广西大学土木建筑工程学院高级建筑师、华南理工大学广西民族传统建筑文化研究专业方向博士、广西传统村落保护发展专家委员会委员。

聂　君

广西艺术学院建筑艺术学院建筑系副主任、高级建筑师、硕士研究生导师，曾任华蓝设计（集团）有限公司建筑一所副总建筑师，主要致力于桂北山地传统民居、现代建筑设计方法等方面的研究。

李　春

广西艺术学院建筑艺术学院实践创新中心副主任、副教授、高级工程师、澳大利亚注册景观师、澳大利亚悉尼新南威尔士大学国家公派访问学者、中国民俗摄影协会会员、广西旅发委旅评专家、南宁市规划局评审专家、主要致力于园林建筑、地域景观传承与创新方面的研究及设计实践。

徐裕颂

广西书画院专职画家。中国美术家协会会员、广西美术家协会理事、广西美术家协会中国画艺术委员会委员、广西书法家协会会员。作品多次入选全国、全区美术展览及获奖，被全国多个省市级政府、美术馆、机构及个人收藏。

1.5.4 项目秘书

肖彬

广西艺术学院建筑艺术学院室内设计系讲师，建筑艺术学院研究生部副主任。中山大学管理学学士，法国国家造型艺术文凭（DNAP），硕士研究生毕业于法国国立高等装饰艺术学院（ENSAD）室内建筑专业。

◀ 肖彬

毕业后供职于巴黎ZOEVOX设计事务所，曾参与法国钱币博物馆改造工程、法国巴黎银行BNP歌剧院分行室内改造项目、巴黎保险集团总部室内改造项目等。主持2016年度广西高校中青年教师基础能力提升项目《客家围屋住宅模式对新型社区公共空间营造的启示》、广西艺术学院科研项目《客家围龙屋居住空间公共性的研究》、校级教学研究与教改激励项目《互联网思维中设计史教学改革创新与实践》等。发表《从客家围龙屋居住空间到新型社区公共空间营造的思考》《客家围龙屋公共空间浅析》等论文。

2 项目过程

2.1 前期准备

2017年1月6日下午，国家艺术基金2016年度艺术人才培养项目《“美丽壮乡”——民居建筑艺术设计人才培养》专题研讨会在南湖校区漓江画派艺术中心会议室举行。

广西艺术学院党委书记邓军教授、广西艺术学院副院长陈应鑫教授、澳大利亚新南威尔士大学博士生导师徐放教授、建筑艺术学院院长江波教授、建筑艺术学院副院长陶雄军教授、广西文物考古研究所副所长黄槐武、华蓝设计（集团）有限公司副总建筑师徐洪涛、广西艺术学院科研处副处长林盟初、民族艺术系副教授刘玲玲博士、建筑艺术学院建筑系主任玉潘亮、建筑艺术学院建筑环境系主任莫敷建、建筑艺术学院副教授李春出席会议。此次会议就切实推进2016年度国家艺术基金艺术人才培养项目进行深入讨论，各位领导、专家学者各抒己见、热烈发言，提出宝贵的意见和建议。国家艺术基金管理中心主任韩子勇远程参与，提供了宝贵的指导意见。

《“美丽壮乡”——民居建筑艺术设计人才培养》是以广西艺术学院为申报主体的国家艺术基金2016年度艺术人才培养项目，项目组核心成员有广西艺术学院党委书记邓军教授、华蓝设计（集团）有限公司副总建筑师徐洪涛、建筑艺术学院玉潘亮高级工程师和建筑艺术学院莫敷建副教授。项目负责人为建筑艺术学院副院长陶雄军教授，研讨会由陶雄军教授主持。

广西艺术学院副院长陈应鑫教授介绍广西艺术学院在申报国家艺术基金项目上取得的成绩

首先，陈应鑫副院长介绍广西艺术学院在申报国家艺术基金项目上取得的卓越成绩，指出作为中国三大基金之一的国家艺术基金最大特点就是鼓励资助艺术创作，学校将继续加大力度帮助项目的推进。

接着，民族艺术系副教授刘玲玲博士分享了她在国家艺术基金项目实施中的经验和教训。刘玲玲博士详细介绍了前期招生准备阶段、项目实施阶段、项目验收阶段各个阶段所遇到的问题和解决办法，为本项目推进提供了细致而全面的意见。

广西文物考古研究所副所长黄槐武研究员提出项目经费预算控制的问题，强调在项目课题设置时需要重点考虑地域性特征、突出学术重点。他提出在名村名镇建设和民族建筑申遗工作遇到的问题，希望该人才培养项目着眼于解决社会问题，将理论转化为实践。

接着，华蓝设计（集团）有限公司副总建筑师、设计研究院总建筑师、国家一级注册建筑师徐洪涛就民居建筑艺术设计的范畴、项目成果该如何细化同与会专家学者展开热烈讨论。

建筑艺术学院院长江波教授强调了《“美丽壮乡”——民居建筑艺术设计人才培养》项目的民族性特点，并指出在项目实施中可能会遇到的实际问题。建筑艺术学院环境艺术系主任莫敷建提议以人才培养项目作为平台搭建西南民居建筑艺术设计的文化圈，并进一步明确了将实践项目引入培养课题的想法。建筑艺术学院建筑艺术系主任玉潘亮则认为应该在人才培养过程中实现理论研究的高度，达到研究性与实践性的辩证统一。

澳大利亚新南威尔士大学博士生导师徐放教授肯定项目研究的学术价值

时任建筑艺术学院院长江波教授强调《“美丽壮乡”——民居建筑艺术设计人才培养》项目的民族性特点

《“美丽壮乡”——民居建筑艺术设计人才培养》项目负责人、建筑艺术学院副院长陶雄军教授介绍项目概况并主持研讨会

民族艺术系副教授刘玲玲博士分享国家艺术基金项目实施中的经验和教训

广西文物考古研究所副所长黄槐武研究员就项目经费预算控制等问题提出建议

澳大利亚新南威尔士大学博士生导师徐放教授进行了学术性的总结。他肯定了《“美丽壮乡”——民居建筑艺术设计人才培养》项目的学术高度，指出在课程设置中实现跨学科的设计，对项目专家组和学员的构成结构提出建议，并介绍了英国AA式项目模式（Architectural Association）的实践性经验。

华蓝设计（集团）有限公司副总建筑师、设计研究院总建筑师、国家一级注册建筑师徐洪涛与与会专家探讨民居建筑艺术设计等问题

研讨会进行中，专家、学者热烈讨论，国家艺术基金管理中心主任韩子勇通过互联网进行的远程谈话更是给予大家极大的鼓舞。他首先肯定广西艺术学院在国家艺术基金申报工作上的卓越表现，指示国家艺术基金注重实践性和高层次的创作活动，在课题设置中应该注重视界拓展和实践能力的培养。韩主任的远程指导意见与众位专家的研讨不谋而合，为项目推动进一步明确了方向。

建筑艺术学院环境艺术系主任莫敷建副教授（左）、建筑艺术系主任玉潘亮高级建筑师（右）就项目实施中可能出现的问题与与会专家进行探讨

最后，时任广西艺术学院党委书记邓军教授做了总结发言。他指出项目要进一步明确目标细化任务，借鉴经验教训，抓住重点做出突破。邓书记希望项目组珍惜广西艺术学院的好口碑，做出精品，全力以赴保证高水平的结题。

与会专家学者就国家艺术基金项目《“美丽壮乡”——民居建筑艺术设计人才培养》进行热烈讨论

通过各位领导、专家的交流与分享，国家艺术基金2016年度艺术人才培养项目《“美丽壮乡”——民居建筑艺术设计人才培养》得到切实推进，明确了培养目标和各阶段方向，专家导师团队、学员构成结构、课程培养模式和成果展示方式等具体问题，并得到方向性的指导意见，此次研讨会取得圆满成功。

2.2 招生简章

國家藝術基金

CHINA NATIONAL ARTS FUND

国家艺术基金2016年度人才培养资助项目“美丽壮乡”民居建筑艺术设计人才培养招生简章

一、　项目简介

“美丽壮乡”民居建筑艺术设计人才培养是由广西艺术学院承担的国家艺术基金2016年度人才培养资助项目。国家艺术基金是经国务院批准，由国家设立，旨在繁荣艺术创作、打造和推广原创精品力作、培养艺术创作人才、推进国家艺术事业健康发展的公益性基金。

《“美丽壮乡”民居建筑艺术设计人才培养》，其目的是让学员领略壮族民居建筑艺术的魅力，掌握民族村落建筑保护与创新发展的国际前沿理念，积累乡土建筑设计实践经验，培养新型民居建筑艺术设计的高级人才。项目将与当地政府有关部门配合，强调建筑与艺术结合，打造壮乡新型民居建筑艺术示范村，探索民族建筑设计创新和民居村落的有机再生。

主要师资团队由国内外建筑与艺术领域知名专家学者组成。培训期满，成绩合格的学员名单将录入国家艺术基金人才库，并授予国家艺术基金认证的结业证书。

二、项目安排及时间

1、第一阶段：理论授课与考察阶段（6月1日——6月30日，共30天）

① 民居建筑艺术理论学习培训（2周）：集中进行课堂授课，内容包括：少数民族建筑发展文脉、乡土建筑创作实践、传统少数民族建筑技艺传承、国际民居建设前沿理念、少数民族建筑保护与发展、造型美学等。

② 专业考察与创作研讨（2周）：西南地区少数民居村落建筑考察，集中开展实践教学。国内外知名专家学者现场授课。学员分组进行创作研讨，由导师团队点评指导。

2、第二阶段：在地建筑设计实践工作营（9月16日——10月15日，共30天）

设计实践工作营：学员集中在少数民族村寨进行建筑设计实践。由国内外知名专家学者授课指导，学员分组实地调研，进行项目课题创作。

3、原地创作研修（10月16日——11月15日，共30天）

学员在所在地进行，导师团队跟踪辅导，进一步深化和完善项目。需要完成项目相关图纸和模型制作。

4、第三阶段：成果汇报（12月8日——12月10日，共3天）

举办展览、研讨及项目总结会

项目成果和相关培训资料选编成集，印刷出版，进一步扩大影响力。

举办成果汇报展，推送优秀作品进行巡展。

二、　学员报名与选拔

1、招生对象

① 面向全国招收：从事建筑艺术设计与研究相关的设计人员、科研人员、专业教师以及政府相关部门管理人员等。

②年龄不超过45岁，诚实守信，无任何剽窃他人创作、研究成果记录，未受过重大处分。

③ 保证培训期间脱产60天学习（所在单位开具证明）

具备上述条件的，通过个人申请或单位推荐，均可申报。有相关设计实践与学术研究成果者优先录取

2、报名方法

报名需提供以下材料：

①国家艺术基金2016年度人才培养资助项目“美丽壮乡”民居建筑艺术设计人才培养报名表

②身份证复印件

③相关设计与研究成果支撑资料，如发表论文扫描件、获奖证明、专利证书、设计作品等。

④ 单位出具脱产证明（须加盖单位公章）

注：初审一律采用电子版报名，请将身份证扫描件、作品、报名表打包，并以附件形式发送至报名邮箱 1909007350@qq.com。 正式录取后递交纸质文件用以备案。

3、报名截止日期与公布时间：

①报名截止日期：即日起至2017年4月15日。

②报名时间截止后，主办方组织专家对申报材料进行审查，根据报名情况综合评估、择优录取；确立人选之后上报主管部门，并通过广西艺术学院网站进行一周公示，最终确定人选名单上报国家艺术基金管理中心备案。

③主办方于2017年5月中旬寄发电子录取通知书。

4、录取名额及培训费用

①主办方将根据报名情况综合评估，择优录取，录取名额为30名。

②本项目为国家艺术基金全额资助项目，培训期间的经费支出将严格按照国家艺术基金《经费管理及使用》相关条例执行。学员学费全免，项目进行期间，所有学员各培训阶段的往返一次交通费、住宿费用、伙食补贴、考察费用、作品集出版、展览作品装裱等费用均由主办方承担。

③培训期间个人身体出现健康问题，医疗责任自负。

三、学员管理、考核与结业

1．学员在学期间需全程参加本项目活动，遵纪守法。学员在校期间的管理按照国家艺术基金《人才培养有关管理条例》执行，并与培训责任单位签订培训期间管理协议。

2．项目结束后，导师团队和项目主办方将对学员进行综合考评。考核合格者由国家艺术基金管理中心授予国家艺术基金2016年度人才培养资助项目"美丽壮乡"民居建筑艺术设计人才培养结业证书。

四、联系地址及方式

通讯地址：广西南宁市罗文大道8号广西艺术学院相思湖校区

邮政编码：530000

肖老师：13617718228

陆老师：14795790467

联系邮箱：190900735@qq.com

广西艺术学院

2017年3月1日

2.3 学员名单

序号	姓名	性别	民族	工作单位	专业	职务（职称）
1	方聪	男	壮族	广西职业技术学院	建筑学	教师
2	郭君健	男	汉族	河南许昌学院设计艺术学院	艺术设计	教研室主任、副教授
3	黄宝卫	男	壮族	凤山县建筑工程公司	工民建	中级
4	米宏清	男	汉族	延安市安塞区委宣传部	文学	副主任
5	杨勇现	男	侗族	自由职业	市场营销	从事建筑艺术设计工作
6	宋欢欢	女	汉族	武汉科技大学城市学院	建筑学	自由职业
7	张欣	女	汉族	桂林师范高等专科学校	环境设计	副教授
8	李俊材	男	汉族	南宁市达柏壹陆环境艺术设计有限公司	环境设计	艺术总监
9	吴迪	女	汉族	南宁市达柏壹陆环境艺术设计有限公司	环境设计	设计总监
10	杜琴琴	女	汉族	广西建设职业技术学院	设计学	中级
11	肖振萍	女	汉族	大理大学	艺术设计	艺术设计系副主任、讲师
12	蔡安宁	男	汉族	广西民族大学艺术学院	设计艺术学	环境设计教研室主任
13	陈军	男	汉族	广西师范大学漓江学院	环境设计	教师、讲师
14	程晴	女	汉族	广西英华国际职业学院	环境设计	工程师、讲师
15	樊卓	女	汉族	广西民族师范学院	艺术设计	教师
16	韩守洲	男	汉族	广西华蓝建筑装饰工程有限公司	环境设计	部门经理
17	黄慧玲	女	汉族	广西演艺职业学院	环境设计	系主任、讲师、工程师
18	刘晶	女	汉族	广西科技大学	环境设计	讲师
19	谭韵	女	汉族	广西科技大学	建筑学	讲师
20	王瑾琦	男	汉族	南宁学院	设计学	教师
21	韦红霞	女	壮族	广西民族大学	环境设计	教师
22	吴大明	男	侗族	三江县华民鼓楼工艺制作有限公司	木结构设计　撑墨技艺	经理
23	吴勇旦	男	侗族	三江县惠民楼桥建造有限公司	木结构建筑	木构建筑手艺人
24	吴智科	男	侗族	三江县华民鼓楼工艺制作有限公司	木结构设计	副经理
25	杨富民	男	侗族	自由职业	木结构设计	木构建筑手艺人
26	马骥	男	回族	广西韬盛文化传媒有限公司	室内设计	助理工程师
27	张琪	女	汉族	广西科技大学	建筑学	讲师
28	班晟	男	壮族	广西现代职业技术学院	室内与家具设计	助教
29	张昕怡	女	仫佬	广西艺术学院	环境设计	助教

黄慧玲 蔡安宁 班晟

陈军 程晴 郭君健

韦红霞 杨勇现 吴迪

吴勇旦 肖振萍 吴智科

米宏清　黄宝卫　刘晶

方聪　李俊材　张欣

韩守洲　杜琴琴　王瑾琦　樊卓

吴大明　张昕怡　宋欢欢

2.4 开班仪式

2017年6月9日，国家艺术基金2016年度艺术人才培养资助项目《“美丽壮乡”——民居建筑艺术设计人才培养》开班仪式在广西艺术学院举行。全国政协常委、广西艺术学院院长、博士生导师郑军里教授，广西艺术学院副院长陈应鑫教授，广西艺术学院科研处处长陈坤鹏教授，广西艺术学院财务处处长张碧海，任课教师代表、广西民族大学博导龚永辉教授，项目负责人、广西艺术学院建筑艺术学院副院长陶雄军教授等建筑艺术学院党政领导班子成员、项目导师团队及全体学员出席了开班仪式。开班仪式由建筑艺术学院党委书记黎家鸣主持。

开班仪式上，郑军里院长致辞表示祝贺，向来自全国各地的30位学员们简要介绍了广西艺术学院的历史沿革、办学定位、人才培养目标等，并对学员们的到来表示欢迎。陈应鑫副院长介绍了广西艺术学院申报国家艺术基金的基本情况。科研处处长陈坤鹏表示科研处将大力支持国家艺术基金的项目推进工作。项目负责人陶雄军教授介绍项目组成员和本项目的学术脉络和实施计划。最后，学员代表郭君健发言表示要珍惜这次培训机会，认真完成培训任务。

广西艺术学院院长、博士生导师郑军里教授致辞

广西艺术学院副院长陈应鑫教授发表讲话

开班仪式现场

校科研处处长陈坤鹏教授讲话

建筑艺术学院党委书记黎家鸣主持开班仪式

项目负责人、建筑艺术学院副院长陶雄军教授介绍项目具体实施方案

学员代表发言

国家艺术基金2016年度艺术人才培养资助项目《“美丽壮乡”——民居建筑艺术设计人才培养》的师资团队由国内外19名建筑与艺术领域知名专家学者组成，将分为两个阶段实施，包括了集中理论学习、外出考察和设计工作坊三种培养形式，拟于培训结束后举办学员设计作品成果展，公开出版作品集。

国家艺术基金2016年度艺术人才培养资助项目《“美丽壮乡”——民居建筑艺术设计人才培养》开班仪式

2.5 培训过程

2017年6月9日~7月8日，国家艺术基金2016艺术人才培养项目《“美丽壮乡”——民居建筑艺术人才培养》培训班完成了第一阶段的集中培训。

导师团队在三江县政府与三江县政府办相关领导进行研讨

该项目第一阶段为期一个月，包括课堂教学、乡村实考与政府会议、小组创作与研讨三个内容。课程内容丰富，共邀请了包括广西艺术学院党委书记邓军教授、澳大利亚新南威尔士大学博导徐放教授、华蓝设计（集团）有限公司副总建筑师徐洪涛教授等18名国内外知名学者进行授课，包括了项目负责人陶雄军教授的《建筑文脉设计》、徐放教授的《国际设计前沿与方法论》、谢小英博士的《广西传统建筑分布、类型及其特点》等内容，导师与30名来自全国各地的学员共同探讨了民居建筑艺术的历史与现实、艺术与设计，使学员感受到民居建筑艺术的魅力。

三江县研讨会现场

导师与学员了解三江鼓楼内部结构

主办方广西艺术学院建筑艺术学院组织学员参与了三场高水准的学术讲座，包括华南理工大学博士生导师陆琦教授的《中国民居特色与当前应用》、唐孝祥教授的《客家传统民居建筑的审美维度》和同济大学博士生导师王国伟教授的《城市空间批评理论与实践》，让学员在讲座中感受知识的碰撞和文化的洗礼。江波教授、玉潘亮高级工程师、徐洪涛教授级工程师带领学员们参观了广西区图书馆、南宁会展中心、广西民族博物馆、南国弈园等现代地域性建筑，让学员们体验了广西少数民族风情。

6月25日至28日，开展了一次为期四天的深入广西三江县程阳八寨的考察活动。乡村实考活动受到三江县政府办的大力支持，三江县村寨管理局、住建局、申遗办相关领导出席了学术研讨会议，向学员们介绍了三江县在村寨建设和保护中的举措以及在申报世界文化遗产中遇到的问题和困难。民居特色保护和乡村经济的发展是一对矛盾而统一的整体，如何平衡村民利益和文化保护的需求是面临的现实问题。学员中有来自三江县木构建筑实践一线的木构师傅，他表达了

导师、学员参观三江县博物馆

木构传承人对传统建筑的热爱和在现实中的迷思。深入而坦诚的交流让研讨会气氛真挚而蕴含希望，无论是学员还是带队导师都感到受益匪浅。对少数民族建筑艺术进行保护和传承，培养新型民居建筑艺术设计的高级人才正是本次人才培养项目的宗旨。

导师、学员参观三江最古老的鼓楼

导师、学员考察三江侗族风雨桥

研讨会后，导师团队带领学员考察了程阳八寨、三江县博物馆、三江鼓楼、高友村等地，并与侗族木构建筑营造技艺传承人进行交流。国家级非物质文化遗产项目代表性传承人杨似玉师傅带领我们参观村寨里最古老的光绪年间的鼓楼和当地的木构建筑博物馆，向学员们介绍了基本的木构部件和建造方式。在杨善仁老师傅的工作室里，我们看到了八十多岁老人一屋子的木构建筑研究模型和手绘图纸，体会到这位程阳风雨桥的建造者对木构建筑的满腔热爱和孜孜探索。木构建筑传承人杨涛师傅热情招待学员们参观、学习，讲述村寨的趣事和传统。四天的考察学习让学员们大开眼界，看到了侗族木构建筑的精彩绝伦，感受了浓郁的民族风情和多彩的侗族文化。考察中看到现实中逐渐消亡的传统文化和建筑艺术也让学员们充满了危机感和使命感，对少数民族村寨及建筑艺术的保护和发展进行进一步探索。

陶雄军教授指导学员创作

学员们讨论创作思维导图

国家艺术基金2016艺术人才培养项目《“美丽壮乡”——民居建筑艺术人才培养》培训班第一阶段圆满完成培训任务和预期目标，学员们表示此次培训授课内容丰富，授课形式灵活，既丰富了学术视野，又对民居艺术的传承和发展获得了有益的启示和思考。来自延安市安塞区委宣传部的学员米宏清副主任赋诗两句：“美丽壮乡特色鲜明携手共传承，建设新居美好家园同圆中国梦！”

2.6 成果展览

2017年12月29日，2016年度国家艺术基金艺术人才培养项目《“美丽壮乡”——民居建筑艺术设计人才培养》成果展，在广西艺术学院相思湖美术馆举行。广西艺术学院副校长陈应鑫教授、广西艺术学院科研处副处长尹红教授、广西美术家协会副主席杨诚、广西艺术学院建筑艺术学院院长江波教授、党委黎家鸣书记出席开幕式并参观成果展，项目组成员、华蓝设计（集团）有限公司副总建筑师徐洪涛、广西艺术学院建筑艺术学院建筑设计系主任玉潘亮、环境艺术系主任莫敷建、项目联系人肖彬老师、学员代表，以及建筑艺术学院师生参加成果展开幕式，开幕式由玉潘亮主任主持。

《“美丽壮乡”——民居建筑艺术设计人才培养》项目是由我校承担的2016年度国家艺术基金人才培养资助项目，在国内外导师组的精心指导下，来自全国各地的29位学员努力学习、潜心创作，共同完成了本次成果展。项目负责人、建筑艺术学院副院长陶雄军教授为成果展题写前言。

國家藝術基金

CHINA NATIONAL ARTS FUND

2016 国家艺术基金艺术人才培养项目

“美丽壮乡”

民居建筑艺术设计人才培养成果展

前言

感谢国家艺术基金项目管理中心对“美丽广西-民居建筑艺术设计人才培养”项目的关心与指导！感谢广西艺术学院领导的重视，及相关部门的大力支持，国内外导师组的精心指导，以及社会各界人士对本项目的大力支持和帮助。

在导师组的精心指导下，来自全国各地的29位学员努力学习、潜心创作，在大家的共同努力下，终于有了今日展出之丰硕成果！

这批专项高级设计人才和研究取得的新型乡村民居建筑设计成果，将会成为乡村民居建设的创新探索，服务和促进美丽广西乡村建设与传统民居保护！

项目负责人：陶雄军

2017年12月28日

陶雄军教授为成果展题写前言

广西艺术学院副校长陈应鑫致辞并宣布成果展开幕。陈副校长指出，建筑艺术学院在积极推动教学的同时，在科研项目上积极申报，也非常有成效。本项目代表了国家艺术项目的较高水平。关于民居、少数民族建筑文化的保护开发，还需要学者们更多的关注和努力，因此，希望建筑艺术学院和学员以本项目的培训为契机，开创广西民居建筑艺术发展的新篇章，既保护民间的技艺，同时改善居住环境，推进整个物质文明和精神文明建设。

广西艺术学院副校长陈应鑫教授致辞并宣布成果展开幕

广西艺术学院建筑艺术学院院长江波教授在致辞中介绍，《“美丽壮乡”——民居建筑艺术设计人才培养》项目，目的在于培养新型民居建筑艺术设计的高级人才，探索民族建筑设计创新和民居村落的有机再生，推动新型民居建筑艺术创作更加繁荣发展。

广西美术家协会副主席扬诚致辞表示，本项目是落实习近平总书记在文艺工作座谈会上的讲话精神和十九大精神的一个体现，项目从广西本土优秀壮乡文化入手，以培养传承人的方式，代代相传壮乡民居建筑艺术，弘扬中华民族传统文化，功在千秋。

时任广西艺术学院建筑艺术学院院长江波教授致辞

广西美术家协会扬诚副主席致辞

随后，广西艺术学院科研处副处长尹红教授介绍了我院申报国家艺术基金的基本情况并指出，本项目通过广西壮乡地域民居建筑技艺的研究、村落环境规划创意设计的学习，培育了中国传统文化保护与传承发展意识，结合国家“精准扶贫”工作，积极促进了广西壮族地区传统村落建筑文化保护与可持续发展。

广西艺术学院科研处副处长尹红教授致辞

学校陈应鑫副校长等领导听取建院莫敷建副教授点评作品

学员代表为领导嘉宾介绍作品

学员与领导嘉宾合影留念

《“美丽壮乡”——民居建筑艺术设计人才培养》成果展以“民居建筑设计”为主题，成果丰硕，得到社会各界和媒体的参与和关注。项目充分发挥社会扶持和参与民居建筑艺术设计的积极性，优化民居建筑艺术发展生态，让蕴涵于广大人民和艺术工作者中的民居建筑艺术创造活力充分迸发。

成果展现场

成果展现场

成果展现场

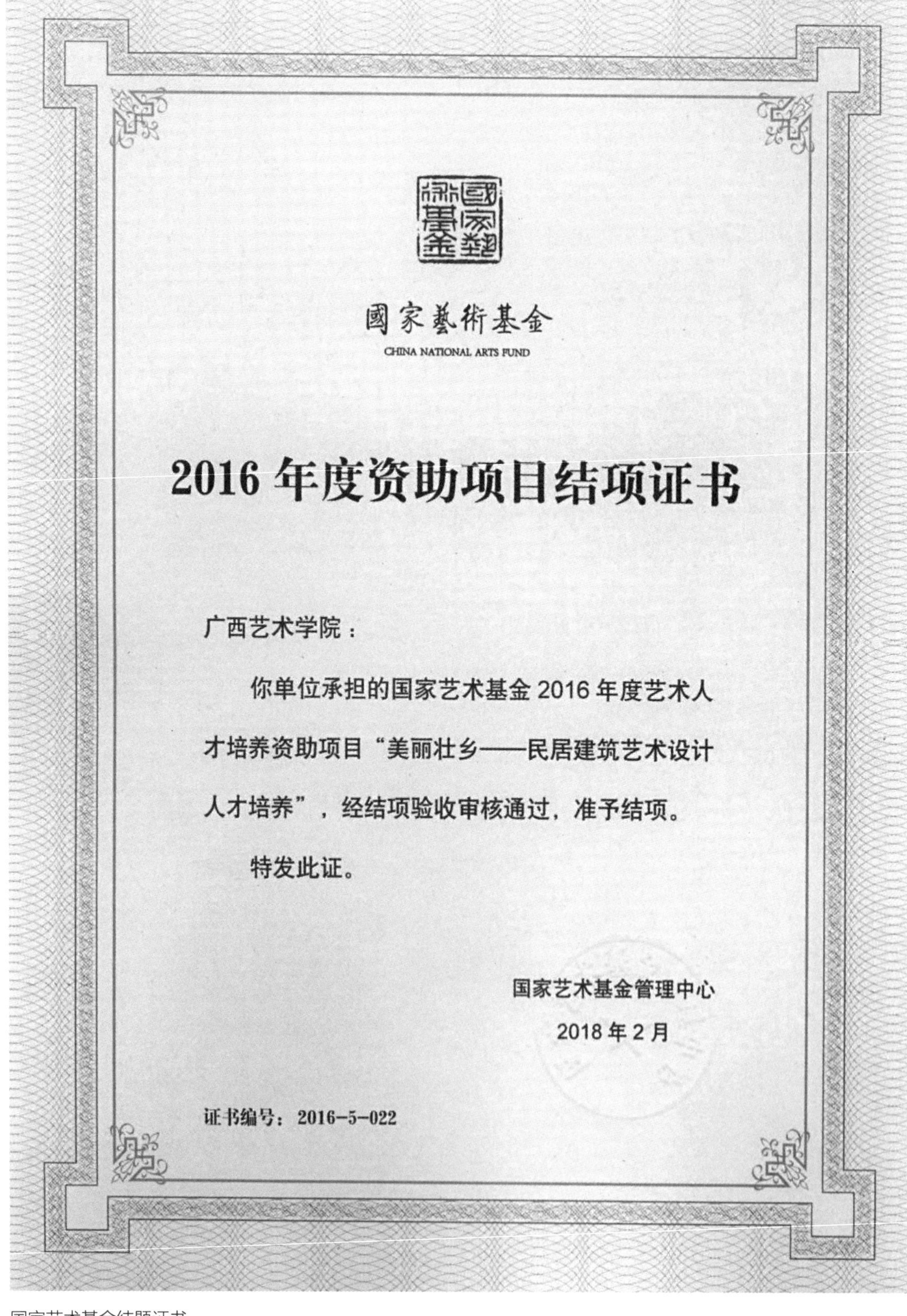
國家藝術基金

CHINA NATIONAL ARTS FUND

2016年度资助项目结项证书

广西艺术学院：

你单位承担的国家艺术基金2016年度艺术人才培养资助项目“美丽壮乡——民居建筑艺术设计人才培养”，经结项验收审核通过，准予结项。

特发此证。

国家艺术基金管理中心

2018年2月

证书编号：2016-5-022

国家艺术基金结题证书

3 设计成果

3.1 班晟作品

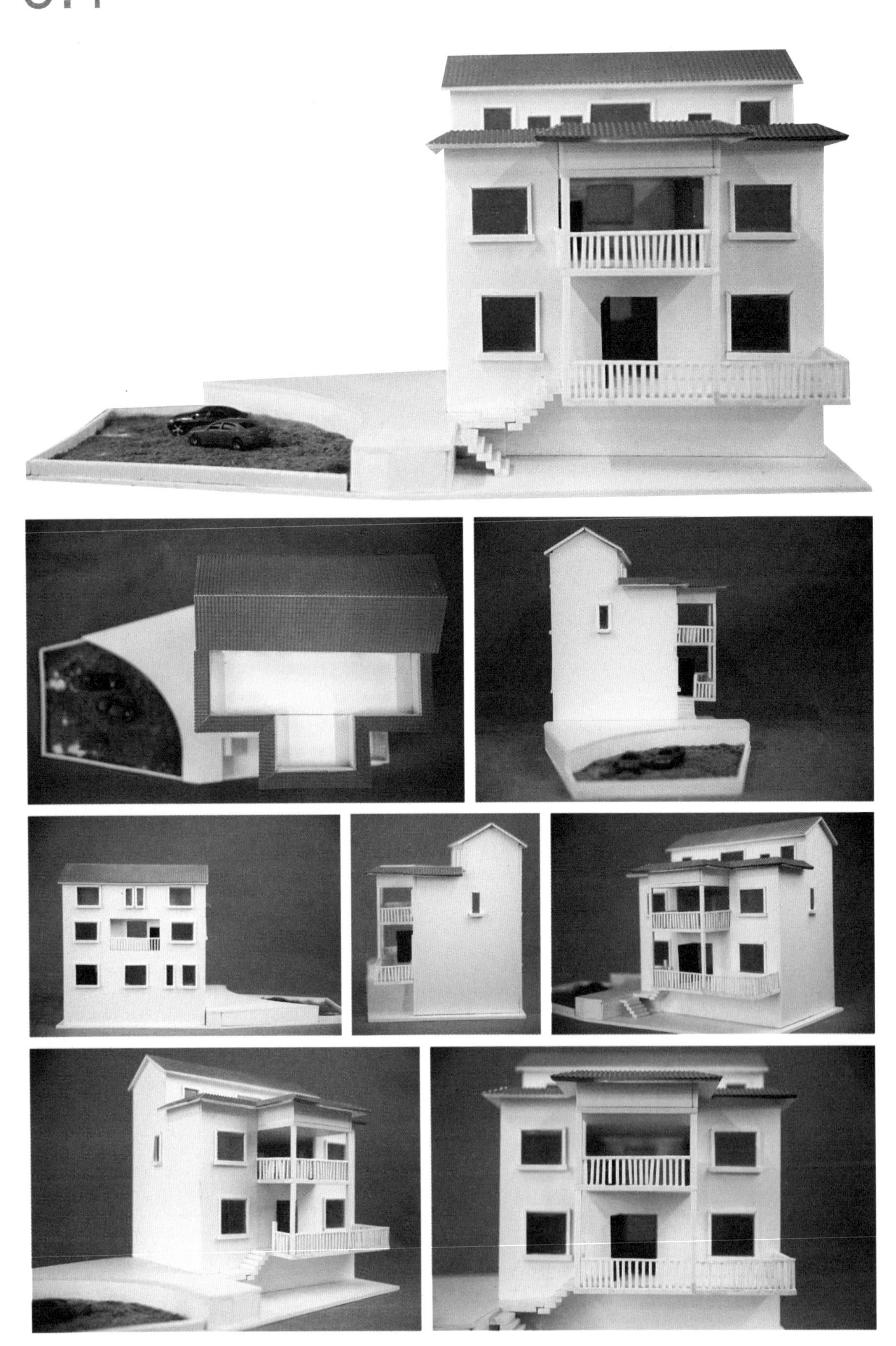

3.2 蔡安宁作品

2016国家艺术基金艺术人才培养项目
美丽壮乡——民居建筑艺术设计人才培养成果展
国家艺术基金
CHINA NATIONAL ARTS FUND
FOLK
HOUSE OF ZHUANG NATIONALITY
广西壮族民居改造设计
主题思路
本方案以壮族少数民族地区的民居建筑为改造主体，延续干栏式住宅建筑的建筑形式以及空间结构，突出空间的功能性，设计中保留干栏式建筑的连廊结构，加强建筑的采光与通透性，对空间结构进行合理划分，使现代化进程中地域建筑完成自身现代化的改造与适应，并焕发出新的时代的特征，同时更好保护与传承本土文化。
黑水河
广西民族大学艺术学院　蔡安宁

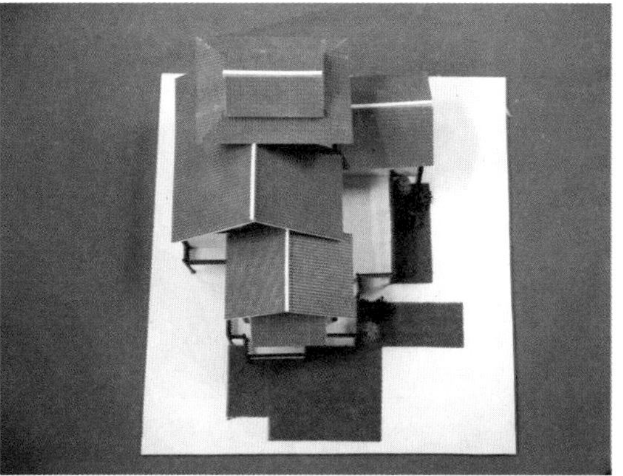

3.3 陈军作品

国家艺术基金
CHINA NATIONAL ARTS FUND
2016国家艺术基金艺术人才培养项目
美丽壮乡——民居建筑艺术设计人才培养成果展
空间剖析图
侧视图
一楼空间分析
侧视图
二楼空间分析
新民居
别墅
鸟瞰图
正立面图
广西师范大学漓江学院 陈军

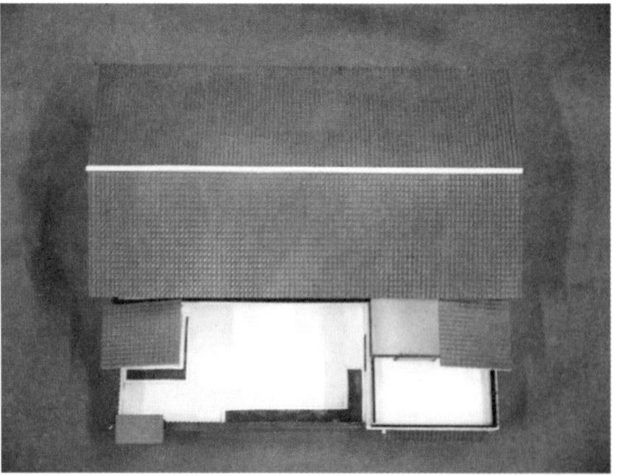

3.4 程晴作品

2016国家艺术基金艺术人才培养项目

美丽壮乡——民居建筑艺术设计人才培养成果展

侗族民居模块化设计

MODULAR DESIGN

设计说明：

侗族的住宅建筑属于干栏系民居，结构方式为穿斗式，它独特的建造风格可以摆脱地面条件地势，具有独特的地方风格和特征。

侗族民居的有效保护与合理创新不仅可以让侗族文化有效保护和发展，通过现代建筑技术在传统民居中的植入研究还可以改善当地居民的生活条件，满足人们对新的生活方式的向往。

本方案的侗族房屋采用现代钢材结构，由多部件拼装而成，墙面由一种标准复合型砖模块插接而成，立柱由一种标准钢材模块制成，可以多方位的和墙体标准模块进行拼接。

本方案的亮点是把模块化设计植入到侗族住宅建造中，房屋的各个零部件可以进行工厂化的生产，有利于节约建筑成本，方便运输，提高建造效率，施工时有效减少建筑垃圾和扬尘污染，从而实现大规模的推广。

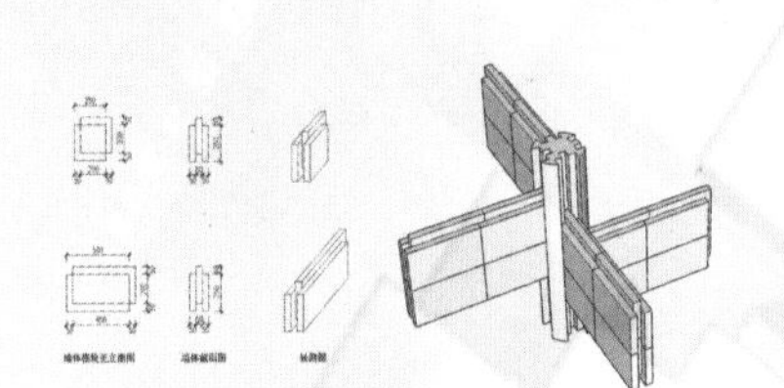

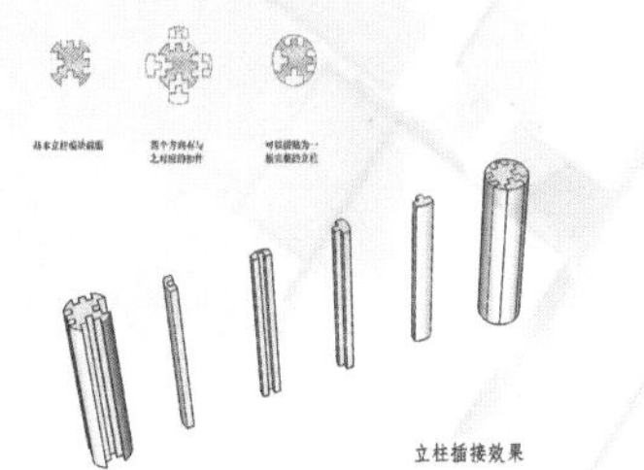

立柱插接效果

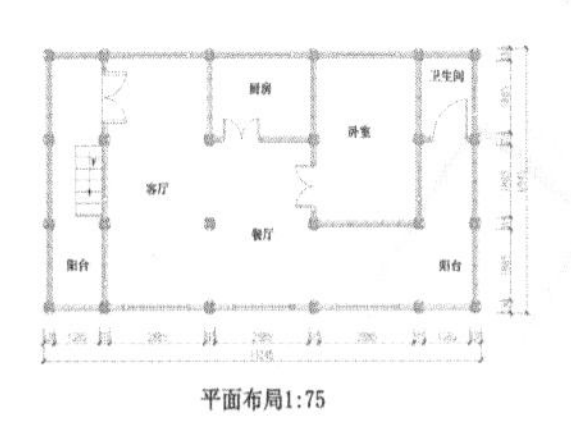

平面布局1:75

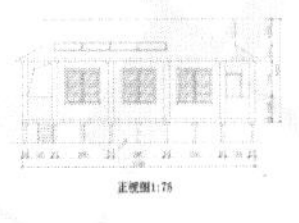

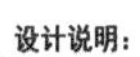

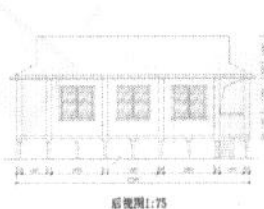

广西英华国际职业学院　程晴

3.5 杜琴琴作品

2016国家艺术基金艺术人才培养项目

美丽壮乡——民居建筑艺术设计人才培养成果展

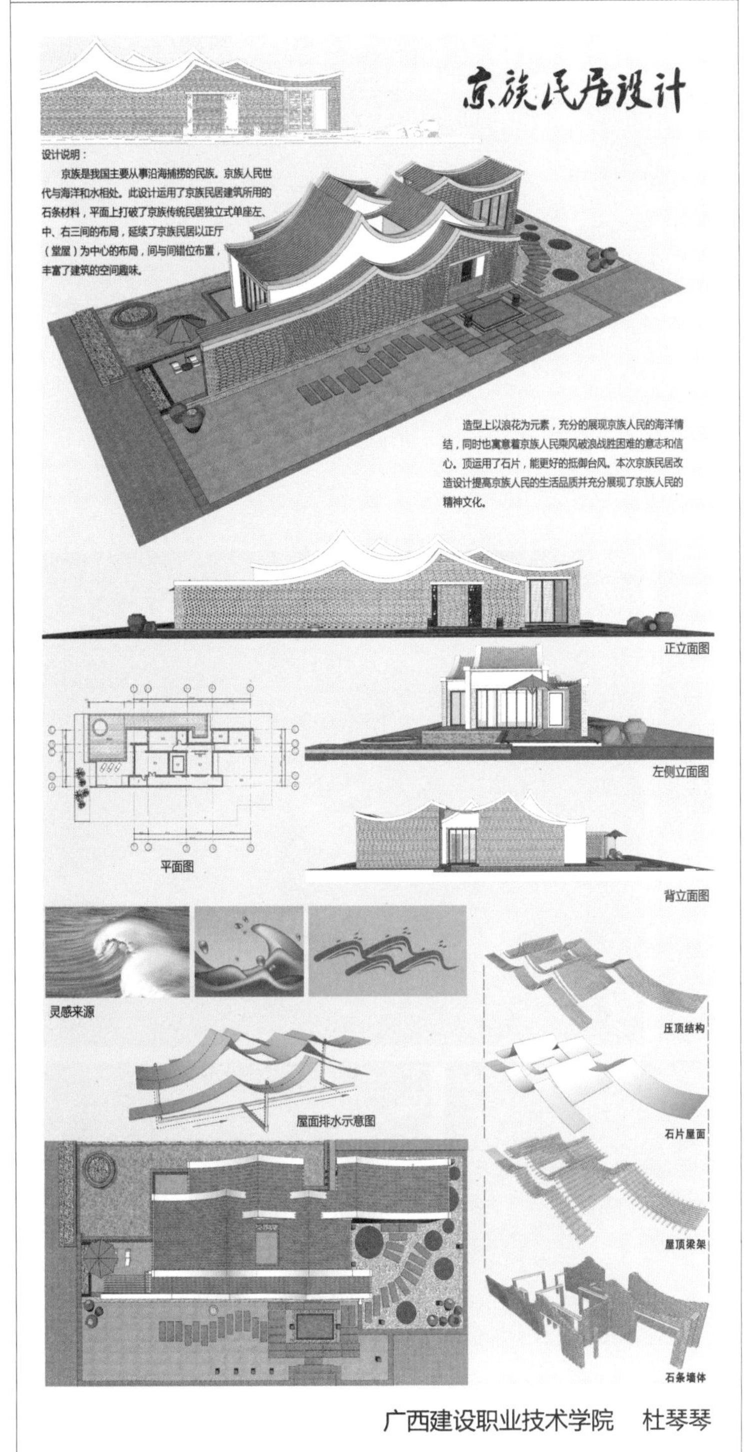

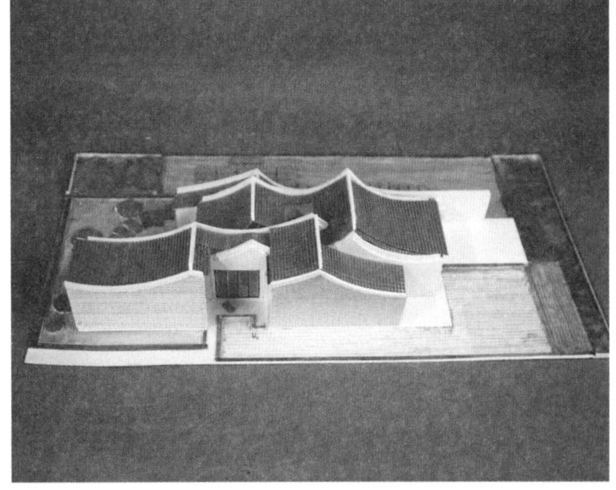

3.6 樊卓作品

2016国家艺术基金艺术人才培养项目

美丽壮乡——民居建筑艺术设计人才培养成果展

广西民居建筑设计

——掌雅之家

该作品是那坡黑衣壮族长屋的建筑改造设计，设计中完好地保留了其经典的建筑构架，基本保留建筑外观感觉。改善建筑的通风和采光，弥补传统建筑不足之处，以获得更适应现代人居住的建筑空间。

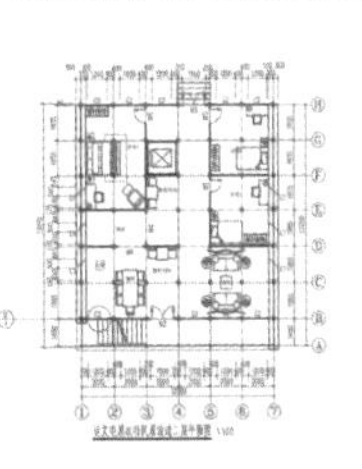

石灰岩柱　龙须草+生土墙面　长屋原始建筑情况

广西民族师范学院　樊卓

3.7 方聪作品

2016国家艺术基金艺术人才培养项目

美丽壮乡——民居建筑艺术设计人才培养成果展

广西传统干栏民居建筑改造

设计说明：

干栏式民居是广西壮族民居的原生态，它广泛分布在广西各地，其建筑形式多为两层。上层一般为 3 开间或 5 开间，住人。下层为木楼柱脚，多用竹片、木板镶拼为墙，可作畜厩，或堆放农具、柴禾、杂物。有的还有阁楼及附属建筑，其平面特点水平划分基本为"前堂后寝"，纵向划分基本为"下畜上人"。交通联系也非常清晰，垂直交通的枢纽是楼梯，而水平交通的枢纽是堂屋，进出住宅、阁楼和各功能区间等都要从中经过。随着社会历史的变迁、文化的传播以及现代生活观念和现代营建技术的引入，广西各地壮族传统民居在当代有了新的发展。木构干栏的结构形式发生了明显的变化，主要表现在：结构技术的进步、适应新的平面功能需求以及新的建筑材料的采用等方面。

本次方案的改造中主要是为了满足现代人的需求，一楼保留了传统的干栏式建筑形式，保留堂屋以及天井增加车库，一楼空间使用过道将整个空间串联，二层空间布局的改造上，主要是将传统的平台改成了走廊形式，同时增加了起居室以及茶室，不仅满足现代人的生活需求，同时丰富了整个空间格局。

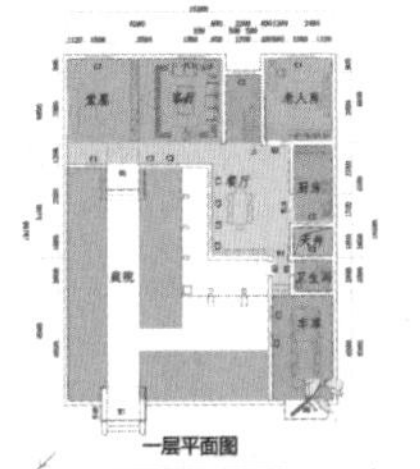

一层平面图

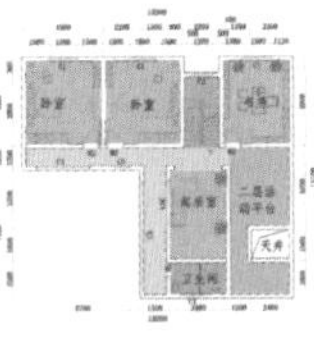

二层平面图

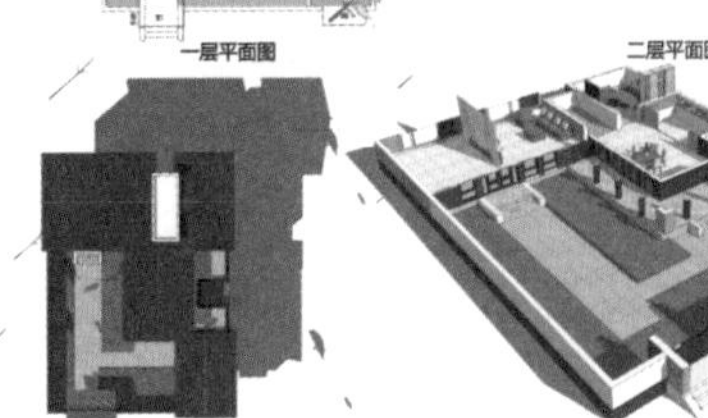

顶视图

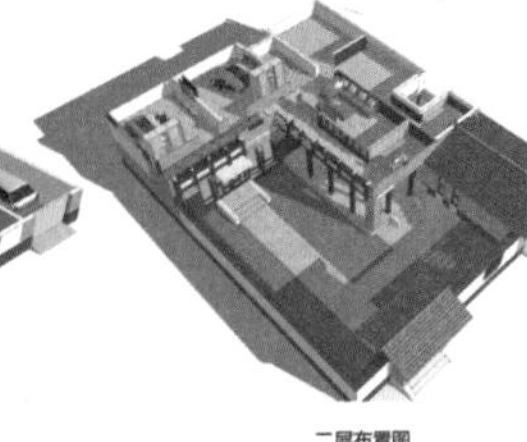

一层布置图

二层布置图

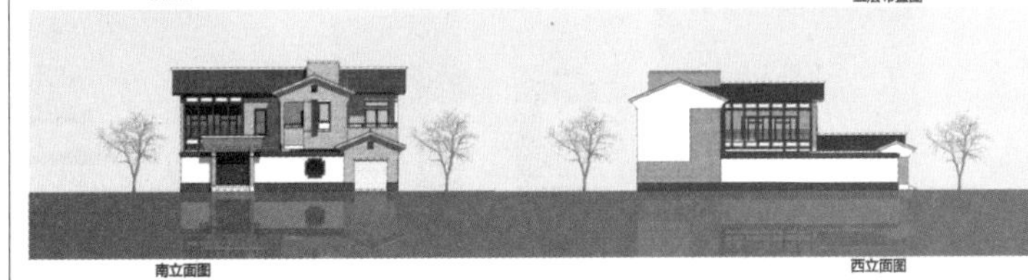

南立面图

西立面图

广西职业技术学院　方聪

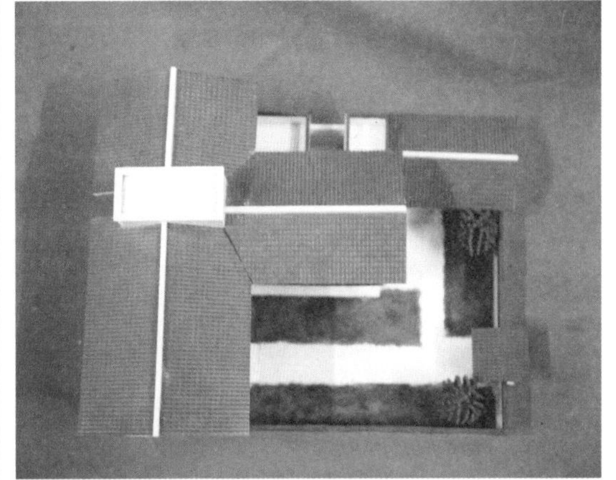

3.8 郭君健作品

2016国家艺术基金艺术人才培养项目

美丽壮乡——民居建筑艺术设计人才培养成果展

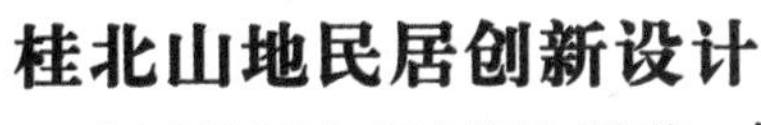

桂北山地民居创新设计

---生态乡村系列之“流水别墅”新语境　　作者：郭君健

本案建筑依山而建，增加观赏效果，与周围环境搭配协调，本案就地取材，选用当地的具有特色的石头搭建而成，配合山里面的枯枝作为屋顶和窗户的材质，通过自然的形态，厚重的感觉与古朴的村寨相呼应，让人民体会自然之美，枯木、竹林、小溪点缀使整个设计具有浓郁的乡土气息，在改变中求统一，设计手法较为简练，移除多余的装饰元素，突出建筑本身的需要，为了能够合理化利用泉水，解决泉水功能的问题，本案借鉴了流水别墅的处理手法，在保持乡村建筑原貌不变的基础上，植入了新功能区的设计，目的是为了改善村民的生活质量和生活环境。

使村民有机会近距离的接触自然，漫步在别有情谊的乡间小路上，一草一木一水都能够净化心灵，陶冶情趣。特殊的建筑视野能更好的欣赏村子的美景的同时也可以放松心情，释放压力。把人工建造的环境和当地的自然资源融为一体，增强人与自然的可达性和亲密性，使自然开放空间对于乡村景区、环境的调节作用越来越重要，形成一个科学、合理、健康完美的乡村格局，达到真正的“为村民设计”的目标。

前期运用创意头脑风暴增加了各种设计的可能性，在设计过程中不断考虑如何运用当地自然资源来与设计结合，受老师启发，我创作了4套方案草图的绘制，最后选择较为合理的设计方案，进行模型制作，对建筑进行合理化创新设计，最后将建筑、景观、水体和人文结合起来，将村民的五大感官与自然环境结合，营造一个安静、清洁、美丽、舒适的生态型居住建筑。

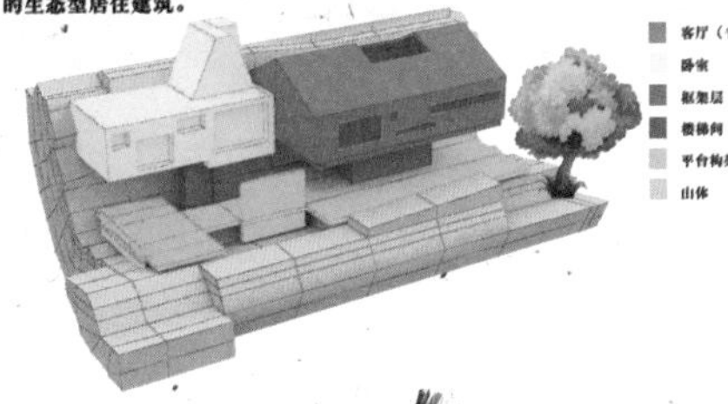

许昌学院　郭君健

3.9 韩守洲作品

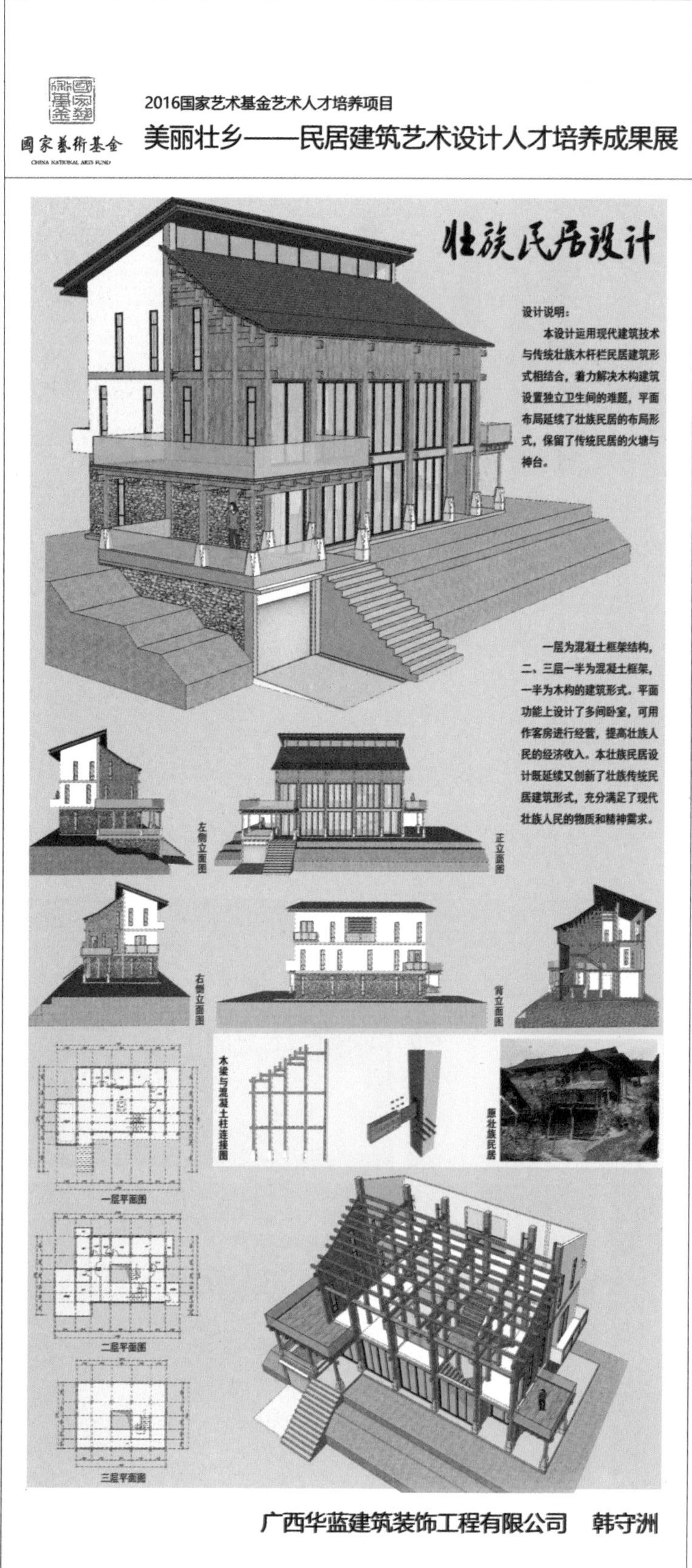
2016国家艺术基金艺术人才培养项目
美丽壮乡——民居建筑艺术设计人才培养成果展
国家艺术基金
CHINA NATIONAL ARTS FUND
壮族民居设计
设计说明：
本设计运用现代建筑技术与传统壮族木杆栏民居建筑形式相结合，着力解决木构建筑设置独立卫生间的难题，平面布局延续了壮族民居的布局形式，保留了传统民居的火塘与神台。
一层为混凝土框架结构，二、三层一半为混凝土框架，一半为木构的建筑形式。平面功能上设计了多间卧室，可用作客房进行经营，提高壮族人民的经济收入。本壮族民居设计既延续又创新了壮族传统民居建筑形式，充分满足了现代壮族人民的物质和精神需求。
左侧立面图
正立面图
右侧立面图
背立面图
木梁与混凝土柱连接图
原壮族民居
一层平面图
二层平面图
三层平面图
广西华蓝建筑装饰工程有限公司　韩守洲

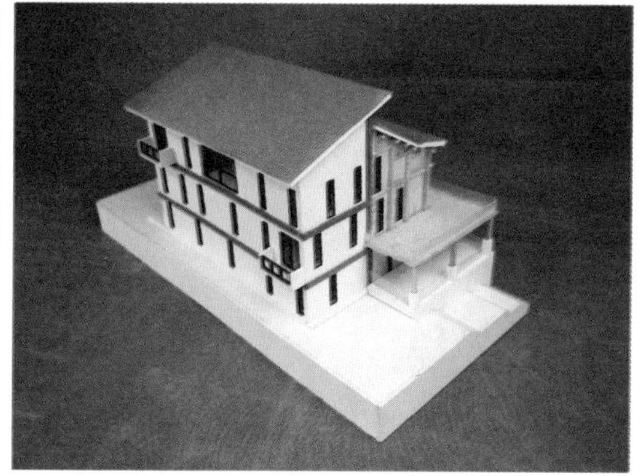

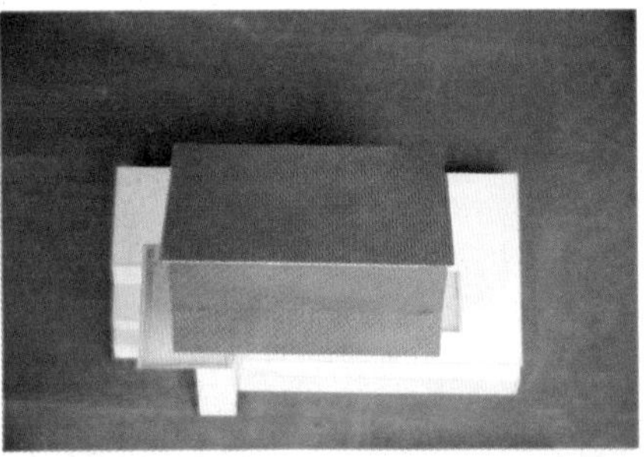

3.10 黄宝卫作品

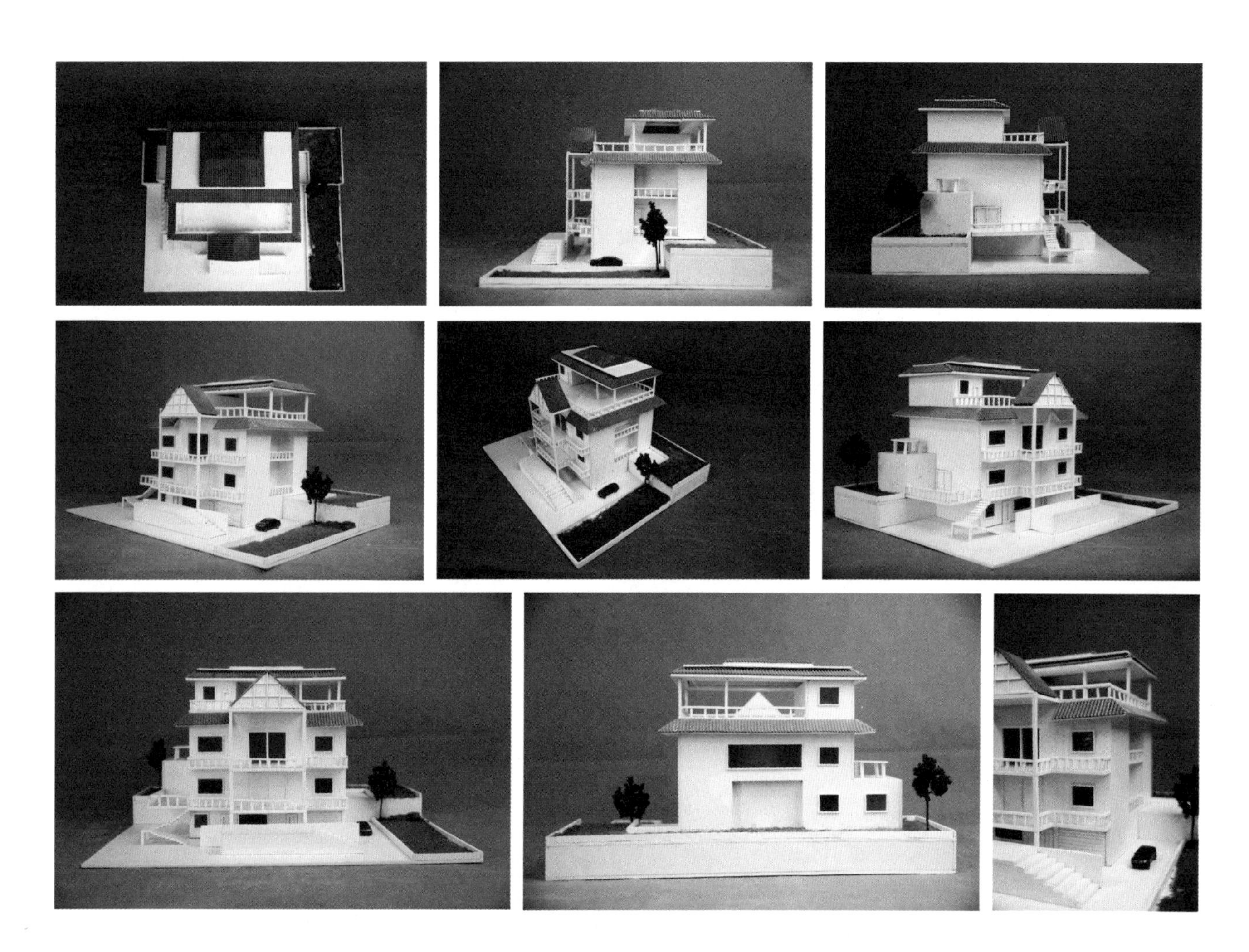

3.11 黄慧玲作品

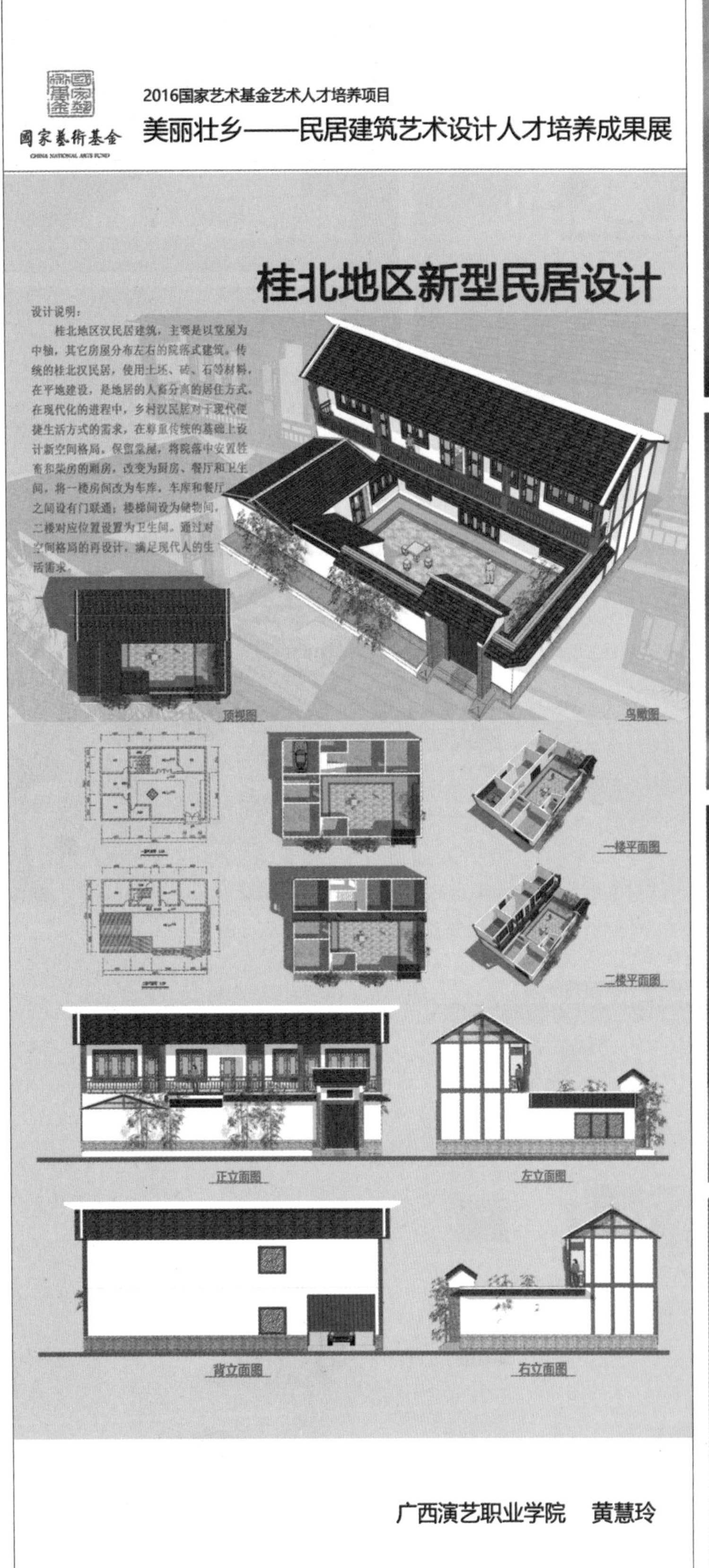

国家藝術基金
2016国家艺术基金艺术人才培养项目
美丽壮乡——民居建筑艺术设计人才培养成果展
桂北地区新型民居设计
设计说明：
桂北地区汉民居建筑，主要是以堂屋为中轴，其它房屋分布左右的院落式建筑。传统的桂北汉民居，使用土坯、砖、石等材料，在平地建设，是地居的人畜分离的居住方式。在现代化的进程中，乡村汉民居对于现代便捷生活方式的需求，在尊重传统的基础上设计新空间格局。保留堂屋，将院落中安置牲畜和柴房的厢房，改变为厨房、餐厅和卫生间，将一楼房间改为车库，车库和餐厅之间设有门联通；楼梯间设为储物间，二楼对应位置设置为卫生间。通过对空间格局的再设计，满足现代人的生活需求。
顶视图
鸟瞰图
一楼平面图
二楼平面图
正立面图
左立面图
背立面图
右立面图
广西演艺职业学院　黄慧玲

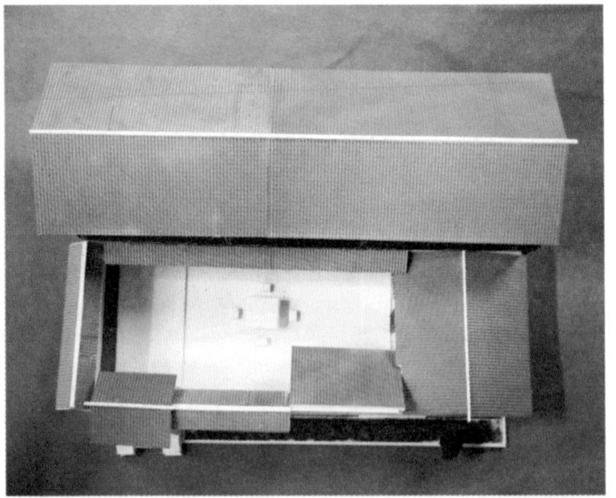

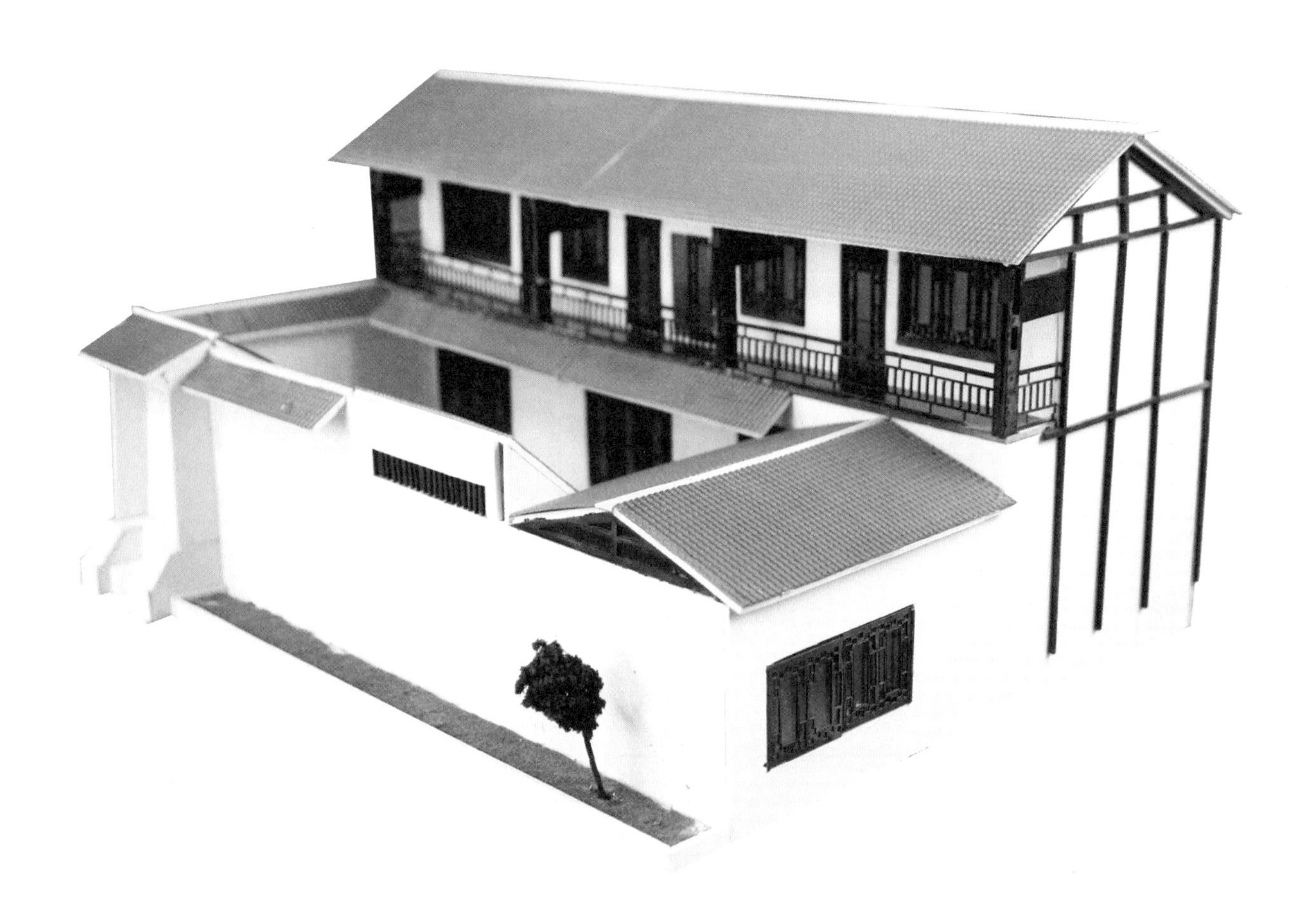

3.12 刘晶作品

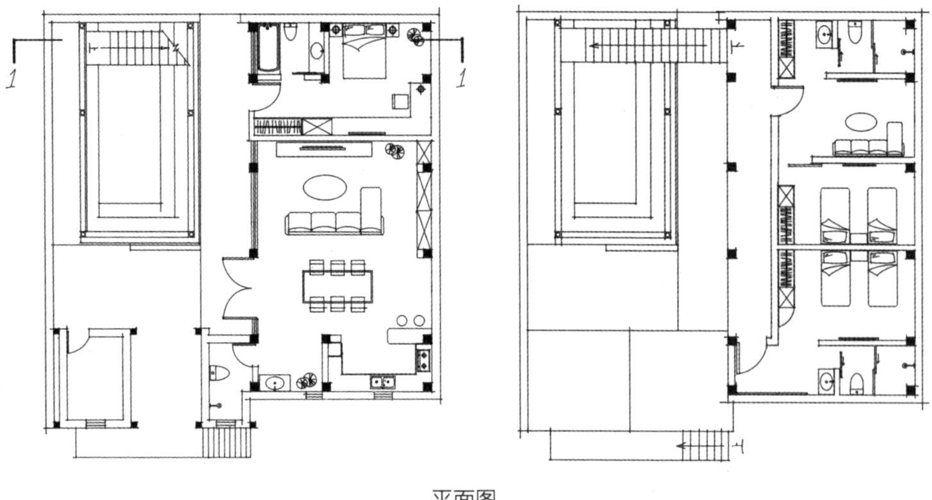

平面图

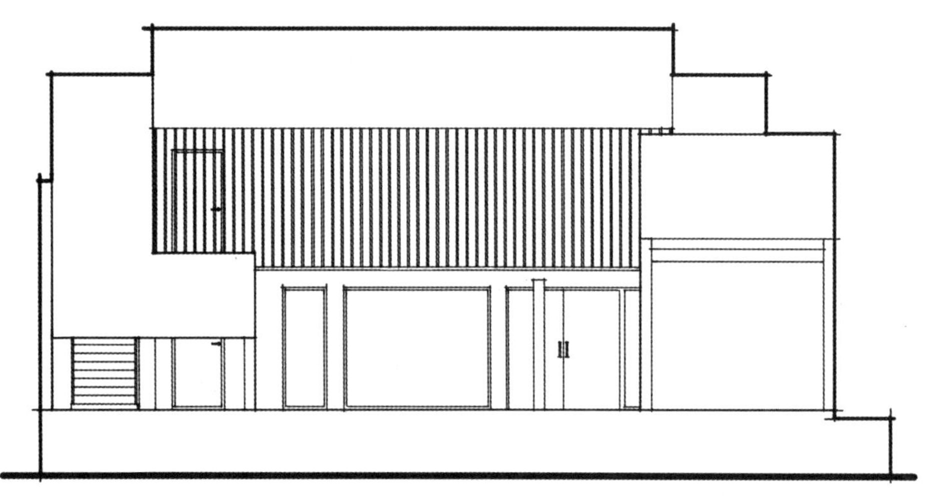

立面图

剖面图

3.13 马骥作品

2016国家艺术基金艺术人才培养项目

美丽壮乡——民居建筑艺术设计人才培养成果展

DESIGN 新壮乡民居设计 学员：马骥

设计说明

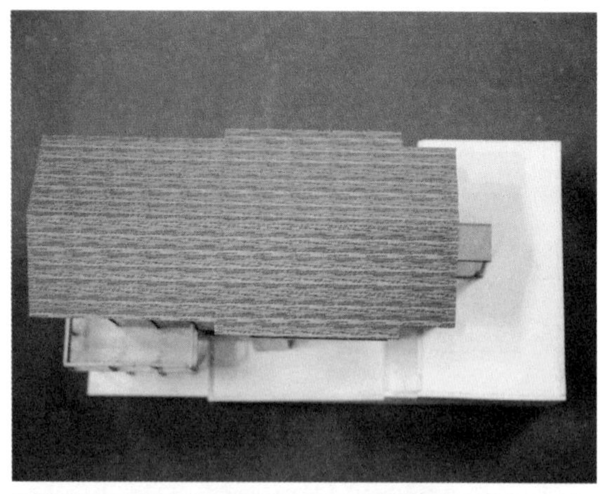

进入21世纪，人们的生活发生了很大的变化，这使得人们对居住的要求上升到一个新高度，本工程立足以人为本的宗旨，力求在合理安排建筑功能的同时体现人文主义理念及地域特征，坚持可持续发展的思想，体现人与环境的和谐，做到适用、经济、美观，使整个建筑与周边环境形成为一个和谐的整合体。

在总平面布局上，整个建筑沿街布置为"一"字型，南北向结合地形形成庭院，引入休闲、居住、健身相结合的概念，引领新的乡村健康生活方式。

平面功能及层高设计

本工程设计为地上两层，地下一层。地上一层客厅、餐厅、厨房、卧室、卫生间、阳台，层高为3.0m；二层两间带卫生间的卧室、阳台，层高3.0m；负一层为卧室、健身房、卫生间及储藏室，层高3.0m。建筑总面积266.33m²。

建筑造型设计

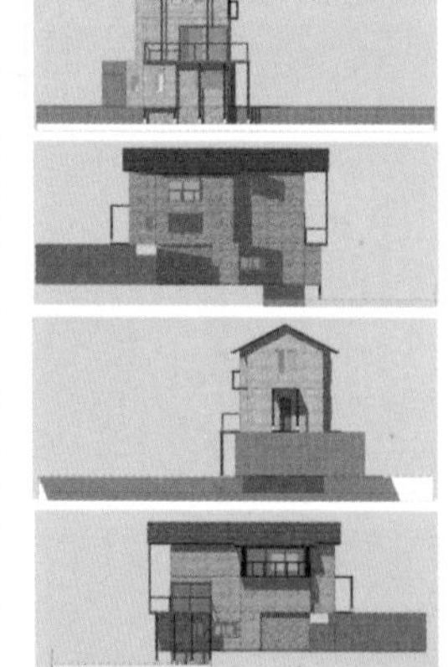

建筑内部墙面，除卫生间为面砖墙面外，其余均为白色内墙涂料墙面。建筑外立面材料均采用当地石材，木材，具有当地建筑特色，又融入现代建筑处理手法。以广西干栏式的建筑风格为主，点缀一些中式的设计元素，同时不失地域特色和时尚的气息。基本色调为米黄色，运用木质线条的装饰。"生土建筑"的主题色调体现的淋漓尽致。住宅立面点缀以大窗、石材将建筑艺术无尽展现，设计巧妙的运用建筑自身体块与空间变化，运用对比、特异，结合点、线、面等艺术造型手法使建筑立面更为丰富，协调的建筑比例，适当的建筑体量，简洁大方的线条与整体建筑群形成统一。贯彻以人为本的理想，遵循"生态、环保、智能"的设计原则，注重建筑科技的应用，建筑文化的体现，显示出建筑的个性，实现人与人、人与建筑、人与自然的和谐。结合当地的特色，充分利用周边环境，建造有独特的地域特色的居住建筑。

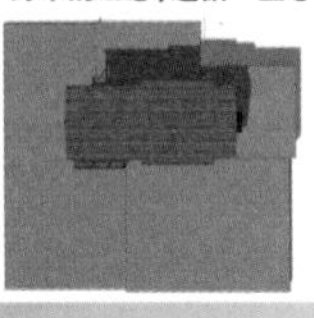

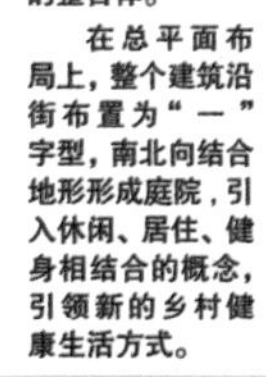

广西韬盛文化传媒有限公司　马骥

3.14 米宏清作品

2016国家艺术基金艺术人才培养项目
美丽壮乡——民居建筑艺术设计人才培养成果展
國家藝術基金
CHINA NATIONAL ARTS FUND
“美丽壮乡”新民居设计
设计理念
本方案为广西壮族新农村民居建筑设计，适用于广西亚热带山地环境，户型功能齐全，布局简单实用，造价低，施工方便。设计针对广西壮族建筑的特点，在传统民居空间格局的再生方面进行大胆创新，打破传统民居空间狭小、通风条件差、居室和厨房共用的格局。
空间分析
1. 进入新的时代，广西壮族人民的生活方式发生了很大变化，乡村的居住环境不断改善和提高，农民的生活方式逐渐接近城市化。在设计功能布局上，有宽大的院落，院落可供室外活动，晾衣，摆放花草等，另设置有车库。
2. 主体建筑共两层。一层有会客厅、独立的卧室、厨房和餐厅，并有仓库，能够满足日常的生活。二层有两间卧室，书房，均有独立卫生间。门窗面积大，可有效改善传统建筑采光和通风不足问题。
3. 本设计的创新是二层设有走廊和露台。露台可乘凉，喝茶，融入浓浓的民俗风情，能够满足日常生活休闲。
左视图
右视图
前视图
① 客厅
② 卧室
③ 餐厅
④ 厨房
⑤ 卫生间
① 书房
② 卧室
③ 卫生间
④ 露台
⑤ 阳台
后视图
延安市安塞区委宣传部　米宏清

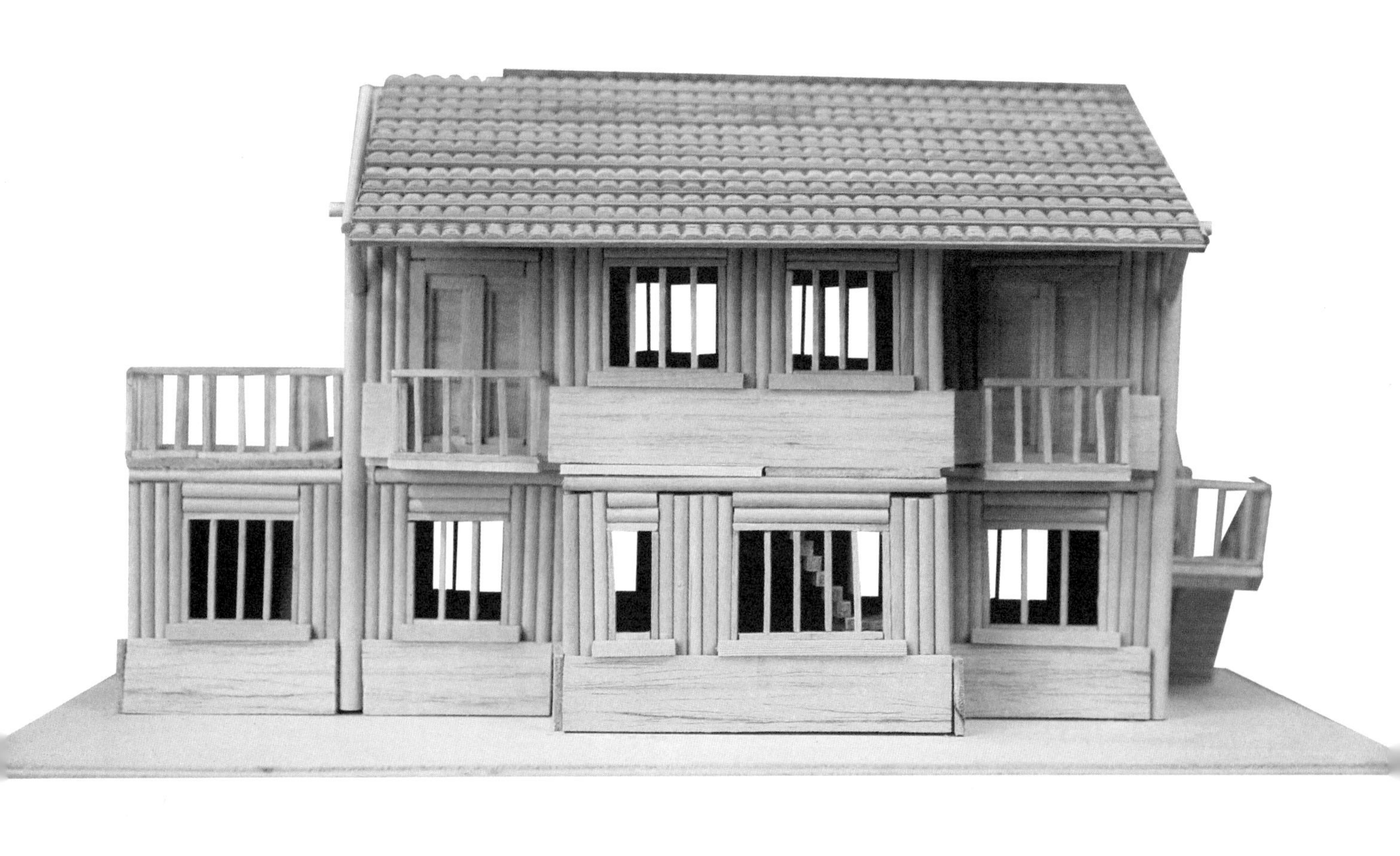

3.15 宋欢欢作品

2016国家艺术基金艺术人才培养项目

美丽壮乡——民居建筑艺术设计人才培养成果展

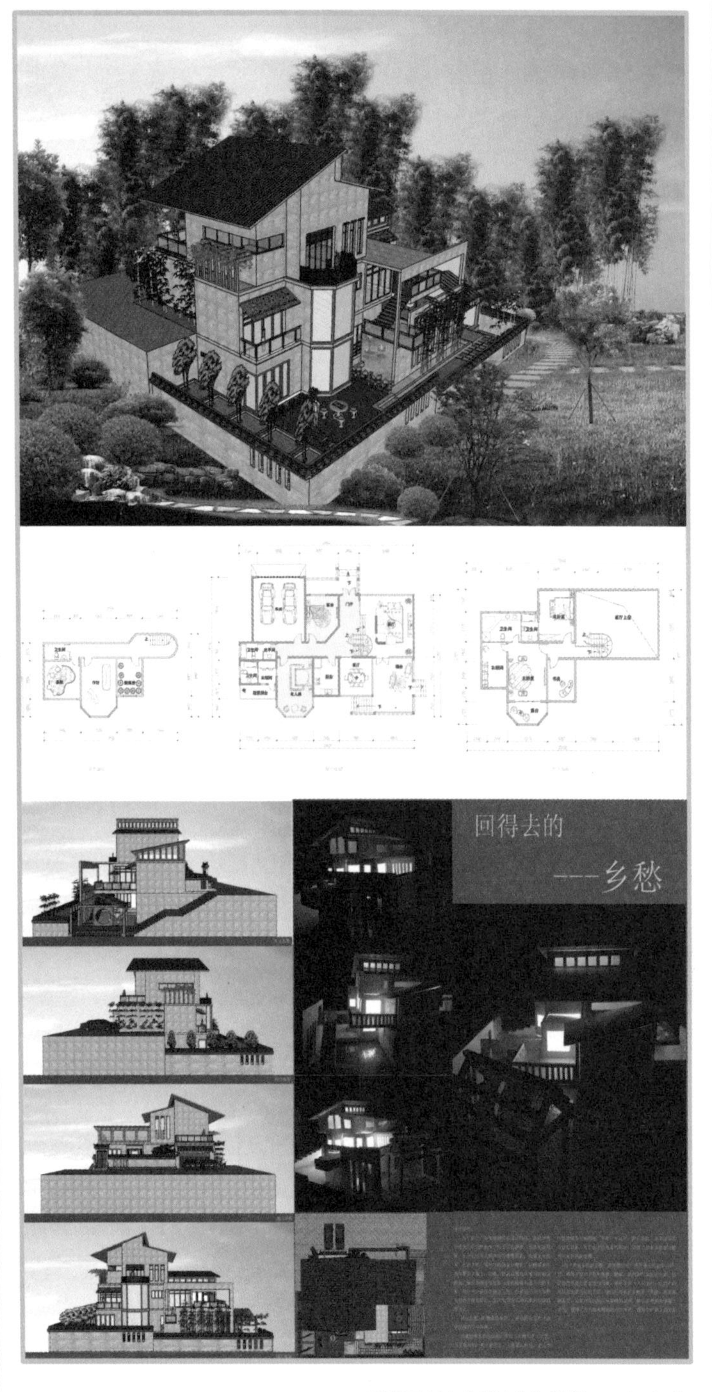

3.16 谭韵作品

2016国家艺术基金艺术人才培养项目
美丽壮乡——民居建筑艺术设计人才培养成果展
融水山地民居建筑
Rongshui Mountain Dwelling Buileding
设计方案
Design Scheme
广西科技大学 谭韵
基地分析
推敲过程
设计说明
意向图
平面图
效果图
广西科技大学 谭韵

3.17 王瑾琦作品

2016国家艺术基金艺术人才培养项目

美丽壮乡——民居建筑艺术设计人才培养成果展

廣西民居建筑設計

广西地区有属于自己的文化和建筑风格样式，传统的坡屋顶，靠山阐立的吊脚，深黑重蓝的色彩，以及形态简洁的格纹，都为广西地区建筑奠定了良好的地域性基调。

该方案将广西地区的建筑样式风格化，从现代性的角度设计建筑的框架，以及内部的功能区划分，对传统建筑的区域做新的区域模式，文化样式作为建筑外观设计的形式在建筑中得以保留，形成广西现代民居建筑，以现代建筑框架为核心，广西传统风格样式为应用的广西新民居。为广西地区民居在现代化的发展下，建筑的未来做出新的可能。

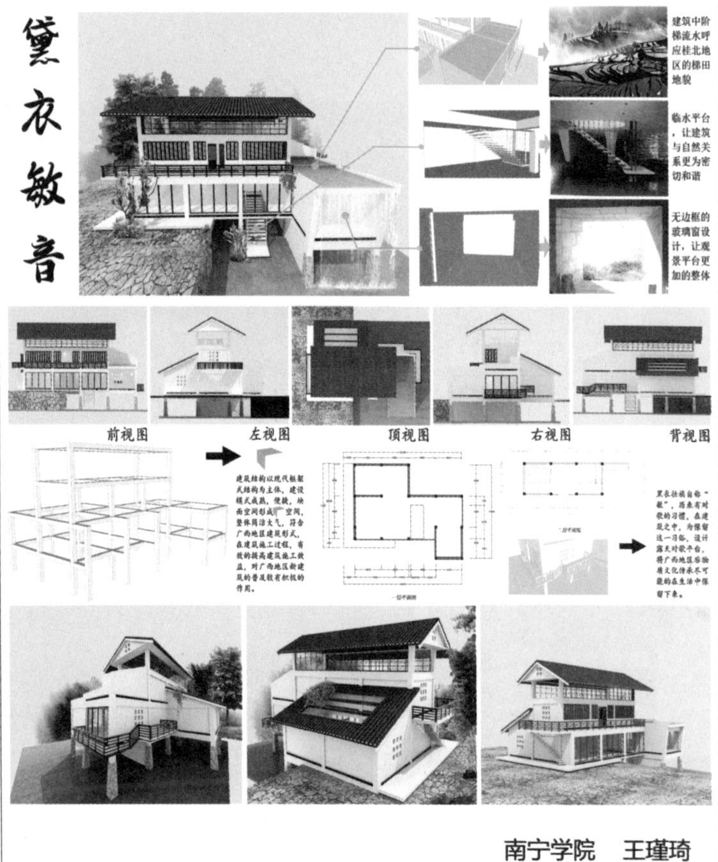

南宁学院 王瑾琦

3.18 韦红霞作品

2016国家艺术基金艺术人才培养项目

美丽壮乡——民居建筑艺术设计人才培养成果展

慢屋·曼贝侬—壮族民居设计

Manwu. Manbeinong

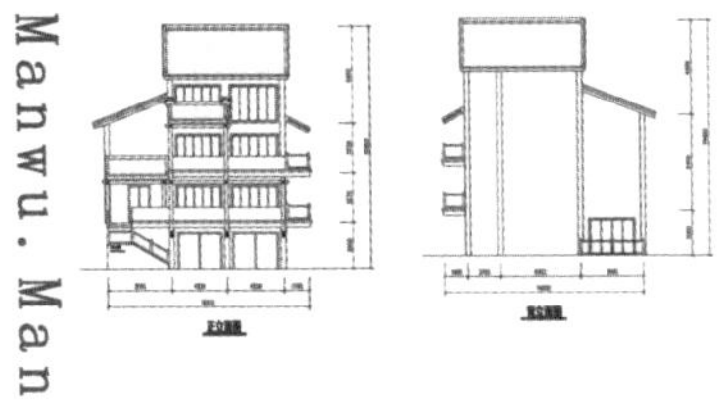

设计说明：曼贝侬景区拥有得天独厚的自然资源，然而离景点最近的大沐屯却显得颇为刺眼，脏与乱和这里优美的景色完全不相符。大沐屯的村民为壮族人，而曼贝侬也是壮语译音而来，意为兄弟。所以本案的民居设计以推广壮族文化为主，发展带动大沐屯村民旅游开发带来的经济效益，提高村民生活水平。按照民宿的形式设计，既满足了旅客的住宿问题又给村民带来经济收入。整个建筑设计融入了百色当地传统土木干栏式建筑，原本的牲畜圈改为农具用房与车库，一楼为主人的生活区域，楼上为客房和公共区域。设计既满足了使用功能，外观上又体现了壮族文化特色，让旅客在享受美景的同时感受壮族文化。

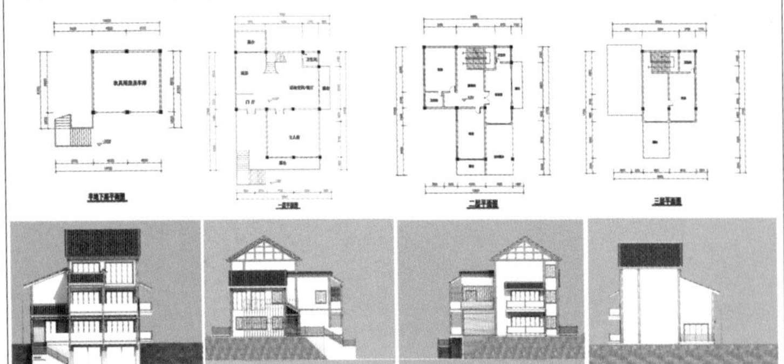

广西民族大学　韦红霞

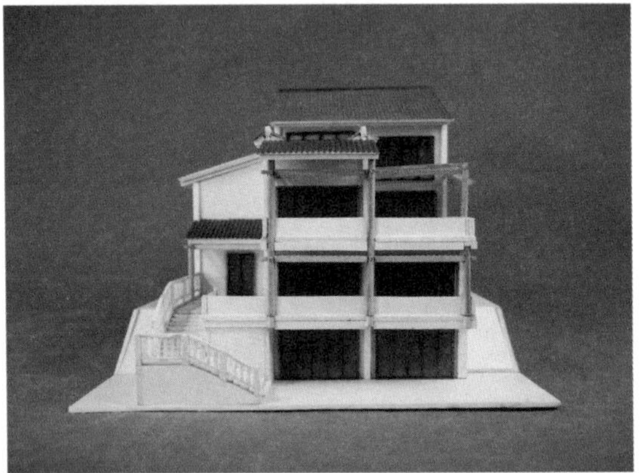

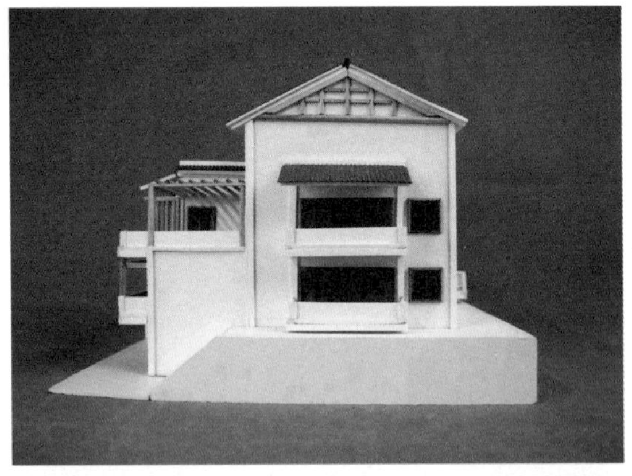

3.19 吴大明作品

3.20 吴迪作品

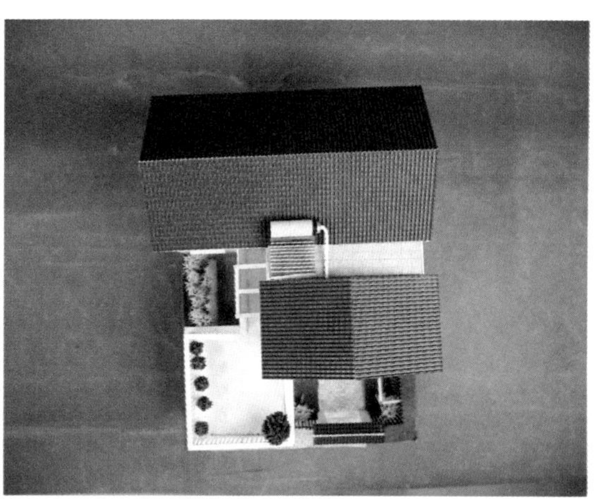

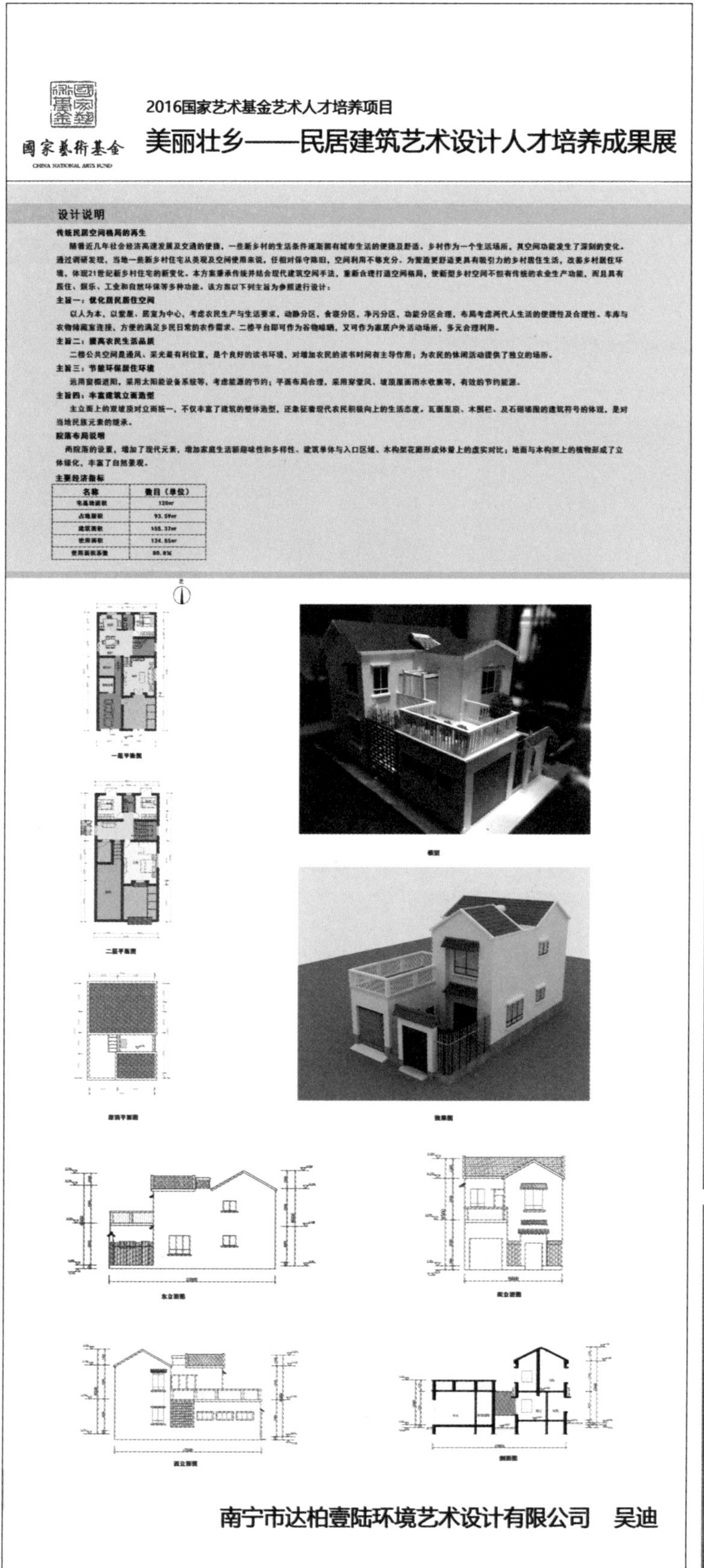

國家藝術基金

CHINA NATIONAL ARTS FUND

2016国家艺术基金艺术人才培养项目

美丽壮乡——民居建筑艺术设计人才培养成果展

设计说明

传统民居空间格局的再生

随着近几年社会经济高速发展及交通的便捷，一些新乡村的生活条件逐渐拥有城市生活的便捷及舒适，乡村作为一个生活场所，其空间功能发生了深刻的变化。通过调研发现，当地一些新乡村住宅从美观及空间使用来说，任相对保守陈旧，空间利用不够充分。为营造更舒适更具有吸引力的乡村居住生活，改善乡村居住环境，体现21世纪新乡村住宅的新变化。本方案秉承传统并结合现代建筑空间手法，重新合理打造空间格局，使新型乡村空间不但有传统的农业生产功能，而且具有居住、娱乐、工业和自然环保等多种功能。该方案以下列主旨为参照进行设计：

主旨一：优化居民居住空间

以人为本，以堂屋、居室为中心，考虑农民生产与生活要求，动静分区，食寝分区，净污分区，功能分区合理，布局考虑两代人生活的便捷性及合理性。车库与农物储藏室连接，方便的满足乡民日常的农作需求。二楼平台即可作为谷物晾晒，又可作为家居户外活动场所，多元合理利用。

主旨二：提高农民生活品质

二楼公共空间是通风、采光最有利位置，是个良好的读书环境，对增加农民的读书时间有主导作用；为农民的休闲活动提供了独立的场所。

主旨三：节能环保居住环境

运用窗檐遮阳，采用太阳能设备系统等，考虑能源的节约；平面布局合理，采用穿堂风、坡顶屋面雨水收集等，有效的节约能源。

主旨四：丰富建筑立面造型

主立面上的双坡顶对立而统一，不仅丰富了建筑的整体造型，还象征着现代农民积极向上的生活态度。瓦面屋顶、木围栏、及石砌墙围的建筑符号的体现，是对当地民族元素的继承。

院落布局说明

两院落的设置，增加了现代元素，增加家庭生活新趣味性和多样性。建筑单体与入口区域、木构架花廊形成体量上的虚实对比；地面与木构架上的植物形成了立体绿化，丰富了自然景观。

主要经济指标

名称	数目（单位）
宅基地面积	120㎡
占地面积	93.59㎡
建筑面积	155.37㎡
使用面积	124.55㎡
使用面积系数	80.8%

南宁市达柏壹陆环境艺术设计有限公司　吴迪

3.21 吴勇旦作品

3.22 吴智科作品

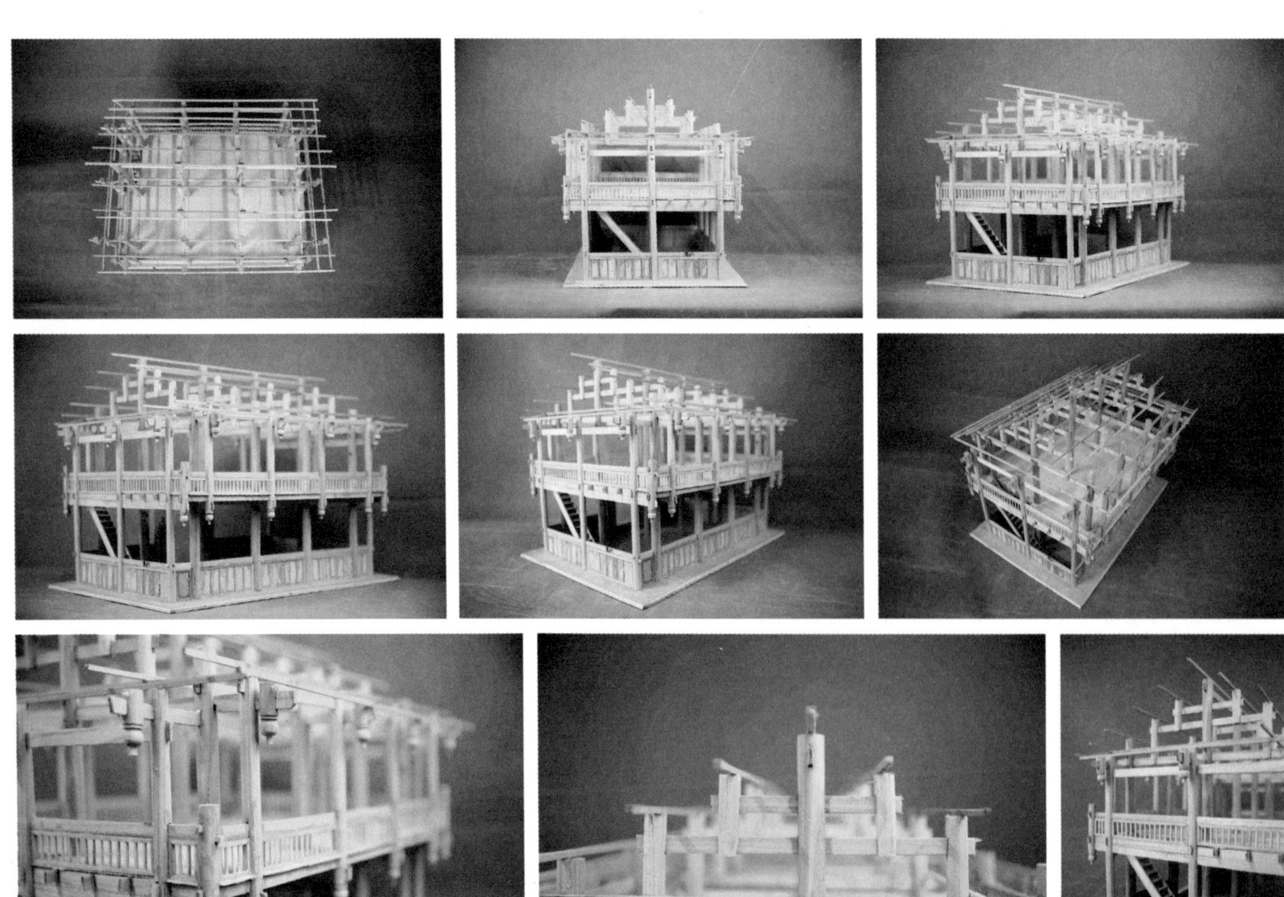

3.23 肖振萍作品

2016国家艺术基金艺术人才培养项目

美丽壮乡——民居建筑艺术设计人才培养成果展

乡恋——广西壮族乡村民居创新设计

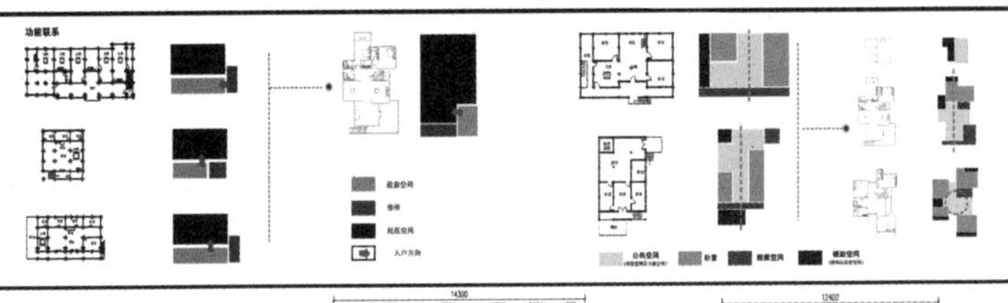

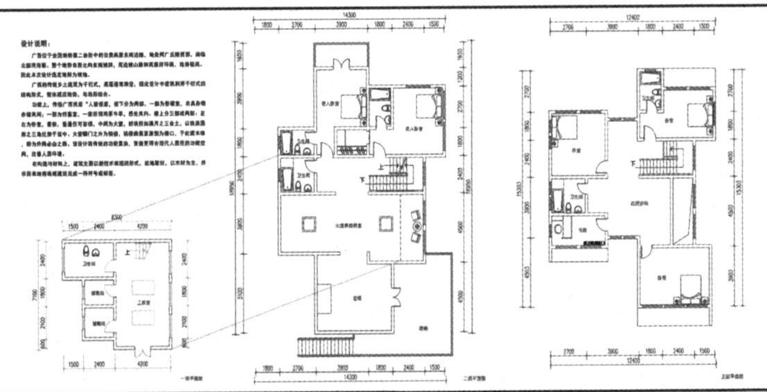

大理大学　肖振萍

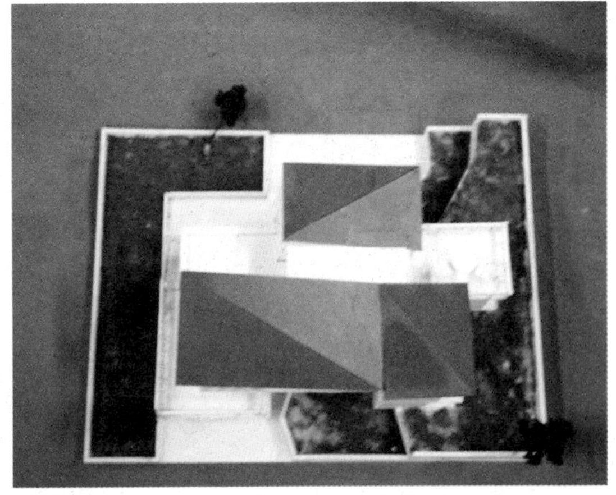

3.24 杨富民作品

3.25 杨勇现作品

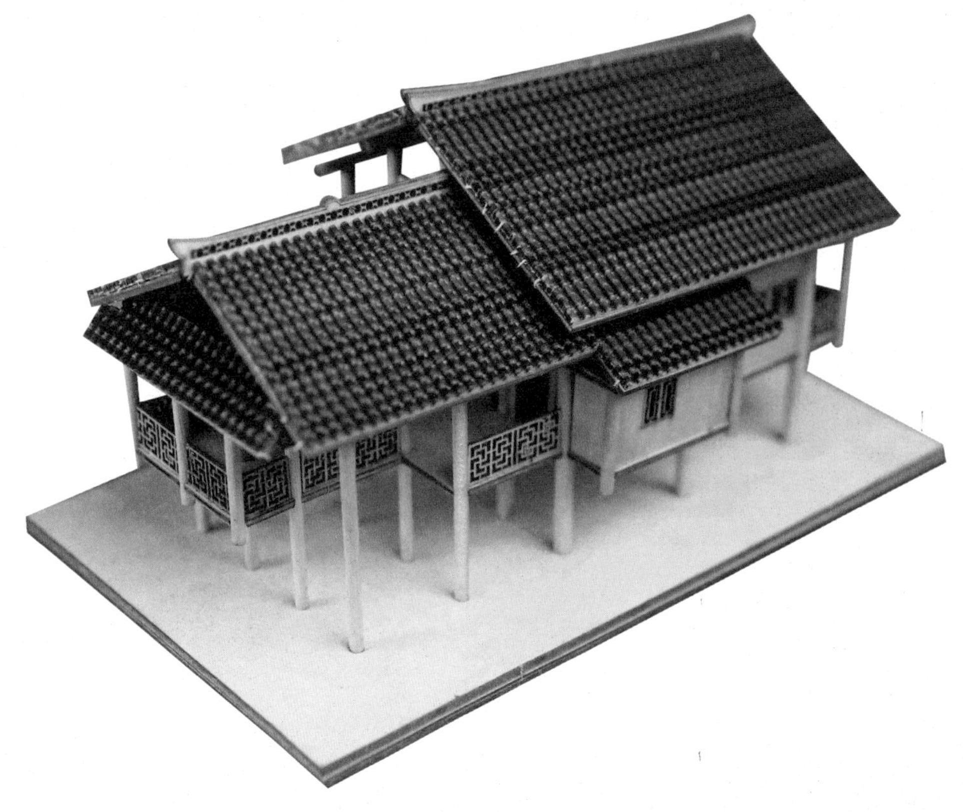

3.26 张琪作品

国家艺术基金
2016国家艺术基金艺术人才培养项目
美丽壮乡——民居建筑艺术设计人才培养成果展
民居设计
2017
桂北汉族民居设计
内院立面展开图
构思分析
剖面
西立面图
南立面图
广西科技大学　张琪

3.27 张昕怡作品

国家艺术基金
CHINA NATIONAL ARTS FUND
2016国家艺术基金艺术人才培养项目
美丽壮乡——民居建筑艺术设计人才培养成果展
乡土材料在民居中的应用设计：
基本单元的建设步骤：
传统砖石材料性能分析：
传统墙体优势
对传统墙体内部改造加固措施：
基本单元的增殖与组合：
居民基本生活模式：
广西艺术学院　张昕怡

实际案例运用：
客栈院落鸟瞰图
丰富夯土墙面视觉效果
+
+
=

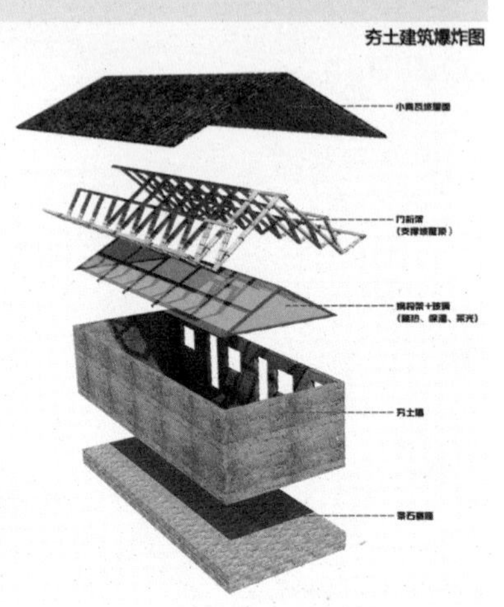
夯土建筑爆炸图

3.28 张欣作品

2016国家艺术基金艺术人才培养项目

美丽壮乡——民居建筑艺术设计人才培养成果展

桂东北湘赣式古村落民居创新设计

——以阳朔朗梓村生态建筑空间为例　　设计者：张欣

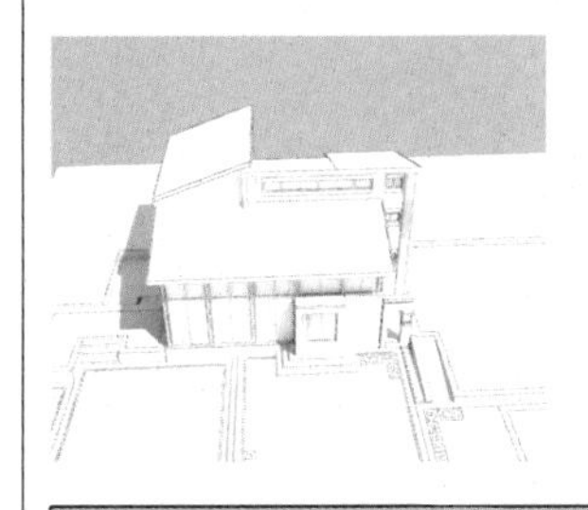

本设计为桂东北湘赣式壮族古民居创新设计，以壮族的民族织锦为创意元素，以方块自由构成，不同大小，分解聚合，设计多变而有序的构成形式，体现不同形式的自由聚合群化，产生新颖的建筑形象，表现形态多元化和整体化。青砖灰瓦，错落有致，整个民居建筑结构严谨，布局精巧，与自然融为一体，具有显著的湘赣式民居建筑风格特征，体现新的“壮乡”之美。民居空间由天井、正堂、卧房、工作区等组成，优化厨房、卫生间，以及与之相对应给排水排污系统，从节能环保、防寒保温，控制安全隐患的角度出发，适应现代壮族居民的需求，彰显“亲地”、“恋木”、“形意”、“天人合一”的设计理念，也让民居建筑呈现出一种新的“文化．交融”新语境，一种新的乡土气息。

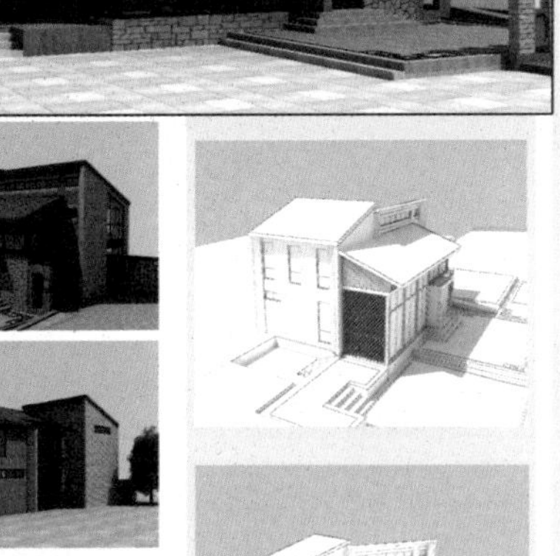

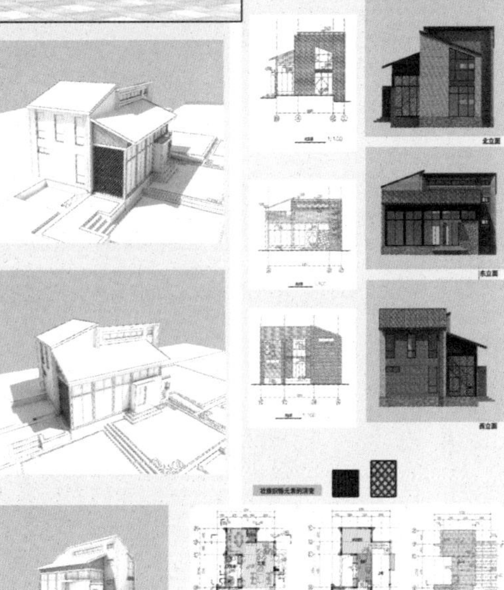

桂林师范高等专科学校　张欣

3.29 李俊材作品

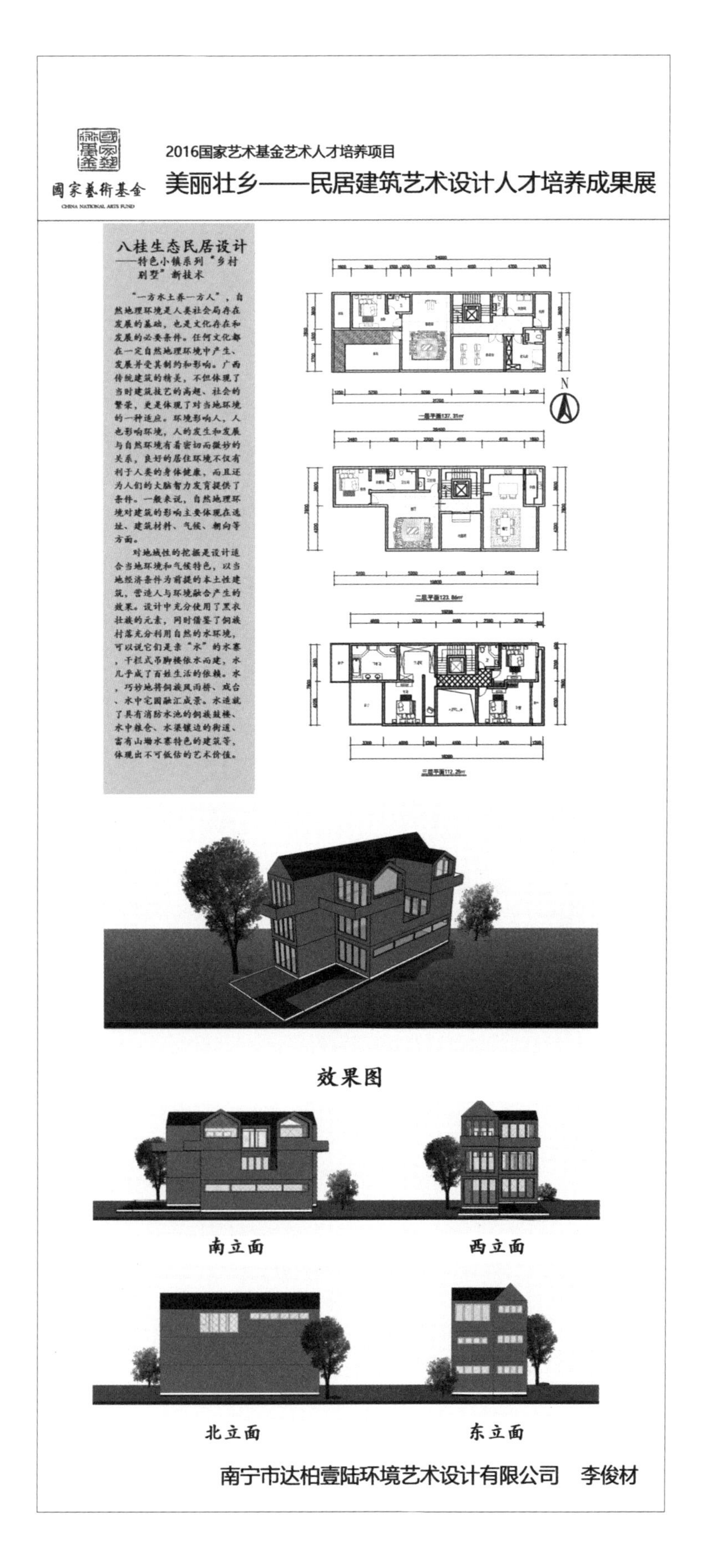

2016国家艺术基金艺术人才培养项目
美丽壮乡——民居建筑艺术设计人才培养成果展
國家藝術基金
CHINA NATIONAL ARTS FUND
八桂生态民居设计
——特色小镇系列“乡村别墅”新技术
“一方水土养一方人”，自然地理环境是人类社会局存在发展的基础，也是文化存在和发展的必要条件。任何文化都在一定自然地理环境中产生、发展并受其制约和影响。广西传统建筑的精美，不但体现了当时建筑技艺的高超、社会的繁荣，更是体现了对当地环境的一种适应。环境影响人，人也影响环境，人的发生和发展与自然环境有着密切而微妙的关系，良好的居住环境不仅有利于人类的身体健康，而且还为人们的大脑智力发育提供了条件。一般来说，自然地理环境对建筑的影响主要体现在选址、建筑材料、气候、朝向等方面。
对地域性的挖掘是设计适合当地环境和气候特色，以当地经济条件为前提的本土性建筑，营造人与环境融合产生的效果。设计中充分使用了黑衣壮族的元素，同时借鉴了侗族村落充分利用自然的水环境，可以说它们是亲“水”的水寨，干栏式吊脚楼依水而建，水几乎成了百姓生活的依赖。水，巧妙地将侗族风雨桥、戏台、水中宅园融汇成景。水造就了具有消防水池的侗族鼓楼、水中粮仓、水渠镶边的街道、富有山地水寨特色的建筑等，体现出不可低估的艺术价值。
效果图
南立面
西立面
北立面
东立面
南宁市达柏壹陆环境艺术设计有限公司 李俊材

4 学员论文

桂东北湘赣式古民居空间转化设计研究

2018年度广西高校中青年教师基础能力提升项目：桂北古村落改造的生态设计研究（2018KY0910）

张欣

摘　要： 本文从"古民居空间转化设计"、"生态聚落空间"等文化演变现象，去探寻桂东北湘赣式古民居传统建筑文化保护和发展中面临的问题，以生态思想进行建筑文化的延续和传承，结合创作理论提出广西地域建筑的创新和发展，深化本土传统建筑文化研究和加强地域建筑创作实践。

关键词： 湘赣式；传统民居；空间转化；传承

1　桂东北湘赣式古民居的概况

桂东北湘赣式古民居模式多元化，聚落形态是散中有聚，乱中有规，是自由形态和几何形态的结合，演化经历促使聚落结构向多层级化和非理性化发展。广西的湘赣式建筑主要分布于桂东北地区，包括桂林市以及阳朔、恭城、全州、灌阳、兴安、荔浦、灵川以及永福等地区和贺州市的富川、昭平、钟山等地区，以汉族为主导民族，以儒家礼制为核心思想。湘赣系传统村落主要以中轴对称、层层递进的天井院落式为主，建筑主要材料是砖木。公共建筑方面则以宗祠和书院来体现区域文化特征，体现了家族聚居的宗族制度，维护了正统的礼制传统，强调宗族伦理观念，使人通过礼制思想，来维护一个稳定的、长幼尊卑有序的居住空间[1]。

2　桂东北湘赣式传统民居空间形态及造型研究

2.1　桂东北湘赣式传统民居空间形态

2.1.1　"一明两暗式"古民居

湘赣系民居建筑平面上是以天井和堂屋为核心，"一明两暗式"传统民居主要分布在永福、恭城、荔浦、平乐、龙胜、资源等山地区域。"一明两暗"三开间的民居，中间为堂屋，是会客、聚会、用餐、祭拜之处，两边做卧室。占地面积小，灵活性大，房屋旁会增加棚屋等附属用房，作为厨房和卫生间[2]。

2.1.2 “天井堂厢式”古民居

在汉民族中，堂和天井是最核心的一对空间，在“天井堂厢式”民居加一排前屋则变成“四合天井式”民居。围绕天井布置正堂、厢房和正房等空间。

2.1.3 “多进护厝式”古民居

为了更好地安排厨房、杂物房、牲畜圈养等空间以及主次关系，“衡屋”、“护屋”等居住空间的辅助性用房出现在核心建筑的两侧，是纵向组合的连排式长条形房屋，也称为“护厝”、“排屋”。

2.2 造型特点

桂东北湘赣式民居的平面形制基本都是矩形，建筑采用穿斗式木构架承重，采用泥砖或青砖作为维护结构。以碎石抬高砌筑做地基，然后用三合土铺地，防潮耐用。内部的木结构构架由砖砌外墙所包裹，用于防御和防火。墙体一般不抹灰，而显露出青砖。桂东北湘赣式民居的山墙主要是马头墙和人字墙两种造型。一般砖砌墙体上砌筑，用小青瓦做屋檐，而马头檐角则以吉祥的花草纹样和辟邪的图腾为题材，黑白墙头布画，进行清新淡雅的装饰。人字山墙一般抹灰并饰以山花装饰。马头墙和人字山墙体现了建筑形式之美和秩序之美[3]。而入口关乎院落的“风水运程”，也是体现主人地位和品味的区域，一般会进行重点设计和装饰。入口为照壁、门楼、门罩、门斗或门廊等。门罩的正中一般是书写宅名的位置，有的门罩为模仿斗拱模式，或叠砖蜂窝模式，也有的披檐雕梁刻枋，形成装饰的重点[4]。

3 以桂林阳朔朗梓村古民居为例的空间转化设计实践

3.1 进行传统地域建筑文化价值的研究

在地域建筑文化的文化继承性、生态环境观、历史传统以及建筑的地区性等方面进行地域建筑创作，从研究中国的建筑文化和历史发展来探讨其体系。重视多种文化源流的综合构成，显现中国传统建筑文化丰富多彩、风格各异的整体特征，使传统地域建筑不为现代建筑环境所遮蔽和破坏，保留文化资源的原貌。

3.2 加强地域建筑技术的运用

在建筑创作中充分利用广西的地理条件和气候因素，吸收地域建筑就地取材的优点，利用朝向、风向、日照、材料、装饰元素及生态与可持续发展的原则运用到建筑创作中，最大效率利用自然的能源。利用高科技生态技术手段、新型材料和传统木构技术的传承，做到环保，节能，循环利用与可持续发展[5]。继承和发扬传统地域建筑营造的生态思想，减少资源的浪费，通过对传统技术的认知和学习，从中获取创作的灵感，也正是创造具有桂东北湘赣式传统民居地域性建筑的根源所在。

3.3 桂东北湘赣式地域建筑的空间转化设计

以桂林阳朔朗梓村传统民居为例，设计以民族织锦为创意元素，以方块自由构成，不同大小，分解聚合，设计多变而有序的构成形式，体现不同形式的自由聚合群化，产生新颖的建筑形象，表现形态多元化和整体化。青砖灰瓦，错落有致，整个民居建筑结构严谨，布局精巧，与自然融为一体，具有显著的湘赣式民居建筑风格特征，体现新的“壮乡”之美。以可持续发展的观念为指导思想，并以被动式、低技术的原生态策略作为切入点，运用生态设计和建筑热环境的理论，对桂东北湘赣式传统民居进行总体布局、平、立、剖面及建构技术等方面的生态设计进行了详细分析。桂东北湘赣式古民居的建筑体系完整地保存着我国传统建筑的形制、类型、结构和传统的建筑营造技术，同时蕴含着我国传统文化的重要内容，是地方民俗文化的载体和人们生活水平的见证，从桂东北湘赣式的建筑、历史、人文、生态的研究角度展开，进行生态设计研究[6]。从建筑表皮、建筑采光、建筑通风、景观环境等方面进行生态节能改造，从改造工程原真性、延续性、可逆性等方面论述生态设计观念，利用生态资源建设和本地材料回收再利用的设计观点，从而进行桂东北湘赣式民居改造的生态设计。

民居空间由天井、正堂、卧房、工作区等进行空间转化设计，优化厨房、卫生间，以及与之相对应的给排水排污系统，从节能环保、防寒保暖、控制安全隐患的角度出发，适应现代居住人群的需求，彰显“亲地”、“恋木”、“形意”、“天人合一”的设计理念，也让民居建筑呈现一种新的“文化交融”新语境，一种新的乡土气息。从传统人文内涵角度对生态设计展开研究，通过历史人文内涵和自然生态设计的理论结合，加深人们对历史人文与大自然的理解和关怀。分析研究桂东北湘赣式古民居的建筑格局、建造方式和建筑材料等，探讨原生环境与传统文化对古村落建筑布局与形态的影响，重新审视如何延续地域文化的固有因素，以及不同建筑形制的特性，并对桂东北湘赣式传统民居的保护与更新进行探讨与展望。

4　桂东北湘赣式传统民居的保护与传承

由于社会环境的变迁、自然灾害以及规划管理缺位等，影响着古村落生态可持续发展，应以保护为主，并采取改造与活态保护相结合的措施。随着城市化步伐的加快，很多具有研究价值的古民居逐渐退出了人们的视野。不少古民居都面临着年久失修、濒临坍塌和荒弃的困境，人们对保护古民居的呼声越来越高。对古民居的保护，还应注意匠作技术等非物质文化的延续和传承，只有这样才能做到全面保护。桂东北湘赣式传统民居的研究从文化生态的角度看，根植于丰富多彩的自然地理环境，具有极高的艺术价值与科研价值[7]。融合了生活习俗、审美观念、建筑文化、地域文化和宗教礼制等要素发展起来，使得广西的传统人居生态环境达到人与自然“共生”的状态，是历史赋予人们宝贵的物质文化遗产，也是广西文化生态系统重要的组成部分，让人们明确古村落遗产的保护价值。

5　结语

桂东北湘赣式古民居空间转化设计研究为历史文化遗产下古村落生态设计建构提供了科学的理论依据，也将会对其他典型的，有历史价值的古村落提供一种保护与利用的示范性作用。从生态设计观念出发，提出新的设想，充实少数民族生态环境观的研究，从而进行桂东北湘赣式古民居空间转化生态理论研究和实践研究。这对加强历史文化遗产和自然景观资源以及传统古村落的保护，具有重要的理论研究意义，对广西乃至全国文化生态发展也有着重要价值。

参考文献

[1]　潘莹．湘赣民系、广府民系传统聚落形态比较研究[J]．南方建筑，2008，05.

[2]　宋飞．探究桂北传统民居在规划设计中的传承与保护[J]．世界家苑，2017，07.

[3]　周博．赣中地区新农村建设中旧村改造研究[D]．南昌大学，2006

[4]　郭谦．湘赣民系民居建筑与文化研究[M]．北京：中国建筑工业出版社，2005.

[5]　赵冶．广西壮族传统聚落及民居研究[M]．广州：华南理工大学出版社，2012.

[6]　熊伟．广西传统乡土建筑文化研究[M]．北京：中国建筑工业出版社，2005.

[7]　谭乐乐．基于文化地理学的桂林地区传统村落及民居研究[D]．华南理工大学，2016.

作者简介：张欣，女，1982年生，广西兴安人，硕士研究生学历，桂林师范高等专科学校副教授，广西青年美术家协会理事、广西美术家协会会员。

广西侗族传统木构民居再生的对策思考

宋欢欢

摘　要：以木材为主要建筑材料的传统木构建筑，经过上千年的洗礼流传至今，是代代相传的智慧结晶，蕴含着丰富的文化内涵。现由于木构民居与现代化生活的碰撞制约了对传统木构建筑的传承和保护。文章以广西侗族木构民居为例，探讨相关再生对策，旨在提高木结构建筑的再生能力，保护优秀的建筑文化遗产。

关键词：侗族；传统木构民居；再生；对策

独特的自然环境、地理地貌、气候条件和鲜明的民族人文风俗使得广西侗族传统村落的布局和侗族人的生活方式都具有鲜明的地域特色。吊脚木楼依山傍水而建，沿坡聚集而居，鳞次栉比，美不胜收。典型的侗族传统民居为干栏式建筑，主要包括上、中、下3层：底层架空，用于堆放杂物和圈养家畜；最上层一般为谷仓，多为半围护结构；家庭的日常活动中心位于二层，主要包括堂屋、卧室、厨房等。在现代化进程日益高涨的今天，如何使传统民居再生使其满足现代化的生活变得至关重要，因此对广西侗族传统木构民居的再生思考，并研究相关的再生对策，是我们关注和探讨的重点。

1　广西侗族传统木构民居的研究背景

自20世纪以来，现代建筑发展迅猛，传统民居面对现代建筑新材料与新理念的冲击，逐渐迷失了方向，以致出现了大量奇奇怪怪的民居建筑。气候与地域的影响在民居建筑的发展中逐渐消失，民居的建造逐渐脱离了生态和谐的轨道，其传统与现代、经济与文化的冲突越来越大，经历了千百年发展的传统民居正面临着异变与消亡。面对这种严峻的局面，我们需要寻求可行的解决方法，将民居建筑的内涵和精髓系统地记录研究，并提出符合新时代的设计方法。

2　广西侗族传统木构民居的研究现状

注重与自然环境和谐交融的侗族木构建筑，依山就势，和谐共生。但随着村民物质条件的提高、经济实力的增强，部分富起来的村民已不愿再建造传统木构建筑，选择改建砖混结构，这对保护传统的木构建筑非常不利。其次，在旅游业的冲击下，旅游产业的发展势必会引起村寨民居的改造和扩建，也将不可避免地对原有建筑环境造成破坏，打破原本的传统建筑文化。再者，年轻人的思想观念、生活习惯发生变化，对于代代相传的木构建筑的学习兴趣不大，更偏向居住现代钢筋混凝土的房子。综上，广西侗族传统木构民居再生变得尤为重要。

3 广西侗族传统木构民居存在的问题

3.1 木材的防火、耐久和资源利用问题

广西传统的干栏式民居多为木质结构，木构建筑本身具有显著的缺点。木结构耐久性差，易受潮腐化，易受到虫害，而且木材易发生火灾，加之侗族村寨房屋密度较大，一旦起火，火势往往会蔓延到左邻右舍，造成重大损失。由于干栏式民居多分布在山区里，林木容易在干旱条件下起火，山火控制不住就会威胁到附近的村落，所以说火灾是侗族木构房屋最大的威胁。另外木结构的木材消耗量大，由于木材的短缺和国家对林业的保护政策，很多侗族民居都采用了代用材料，形态也逐渐转化为现代流行的平顶砖瓦房屋。

3.2 居住舒适度问题

在舒适度上，侗族传统干栏式民居也存在很多问题。首先是卫生条件欠缺。干栏式民居大部分都是人畜共处的，底层圈养牲畜，上层住人。在这种房屋里，由于木构建筑的条件限制，隔绝措施常常做得不够，臭气容易窜入居住层，影响人体健康。

3.3 保温隔热、采光问题

很多干栏式民居自然采光较差，这是为了提高民居的保温能力。干栏式民居的窗洞开口较小，且窗上的棱条数量也较多，真正能采光的面积相对来说就变小了，而且经常只有一面采光。另外传统民居还存在层高较低、进深过大等问题，进一步恶化了民居的自然采光。

3.4 内部空间容量与品质问题

随着社会发展，传统干栏式民居还暴露了一定的局限性。例如它的建筑空间偏小。随着时代发展，侗族村落的家庭增多，每户的人口也在增长，原有的民居已经不能适应人口增长的需要，很多民居的内部显得拥挤不堪。不仅如此，拥有高超手艺的匠人逐渐减少，侗族传统民居

的完整性和品质逐渐下降。

4　广西侗族传统木构民居再生的对策思考

4.1　木材资源的适用性再生

侗族传统干栏式民居的发展陷入了两难的境地：一方面，新建民居的数量日趋增加，对木材的需求量也越来越大；另一方面，传统民居的原木用材来源日趋枯竭，原木材料作为侗族干栏式民居现在使用的主要建筑材料给现有的森林资源带来了巨大压力。传统干栏式民居赖以生存的物质基础已发生动摇，对侗族民居传统结构体系的更新势在必行。

中国独特的建筑发展历史形成了独有的木结构建筑体系，干栏式民居就是其中重要的一种类型。随着时代的发展，传统木结构形式的弊端也逐渐显现出来。传统木结构的某些弊端在现阶段是难以调和的，因此传统的木结构建筑已经逐渐退出了中国民居的舞台，更多活跃在公园、景区等对热舒适和造价要求较低的公共空间。对木材缺陷而产生的固有的印象也极大影响了木材在中国的使用和发展。近几十年来，木结构建筑在国际舞台上大放异彩，发展极为快速，从最原始的实木、原木材料到胶合木材料，再到复合木材料，甚至各种各样新型的木材。木结构建筑已远远超越了传统的形式，甚至可以替代钢材使用。通过合理地利用资源，欧美等地区已经实现了木材资源的良性循环，极大地促进了资源的可持续发展。若要彻底地改善传统木结构的特性，使得木结构重新活跃在广西侗族民居的舞台，可以引入一种新型先进的木结构形式——轻型木结构。

4.2　通风技术的继承与发展

壮族传统干栏建筑自然通风的主要方式，包括底层架空、屋顶通风、外廊通风等，这些方法顺应了广西的气候环境，是壮族人民智慧的结晶，在未来民居设计中值得保留。

4.2.1　底层架空

为适应广西的气候特点，侗族干栏式民居底层架空，利用底层的通风带走室内的热量，使二层空间保持干爽。

4.2.2　通风屋顶

侗族干栏式民居的坡屋顶拉大了室内的高度，能使室内产生更大的温度差，促进空气在热压作用下的流动，湿热的空气上升并从歇山顶两侧的开口排出室外。另外干栏式民居的四周墙面布置相对通透，可以诱导各个方向的风流经室内。由此可以看出侗族干栏式民居室内湿热空气快速排出室外的关键点，其一是加大屋顶高度，提高室内的温差，其二是从建筑外墙板缝到屋顶通风出口保持通畅，畅通的通风路径可以更快地排出室内的湿热空气。

4.2.3　外廊通风

外廊和望楼是干栏建筑常见的外部空间，不但可以丰富建筑立面造型，还会对室内外的风环境产生影响。这些外部空间可以看作干栏建筑室内外空气的缓冲层，可以引导室外的空气进入室内。另外，形体的错动可以增加压力差，加强穿堂风。因此人们应当有意识地突破规整的民居设计概念，利用干栏外廊创造灵活的、丰富的外部空间，将室外风多层次、多角度的引入室内，改善室内的风环境。

4.3　调整空间布局，功能重组

完善室内布局，提升功能合理性与生活质量是侗族传统民居再生的重点之一。在侗族干栏木构民居建筑中，火塘与后室是合二为一的，火塘内架设以焚烧柴火为主的简单的火炉，使用时产生的大量浓烟因为无法及时顺畅排出而弥漫整屋，只能通过屋顶的陶瓦缝隙流散，或由侧面山墙与瓦顶间的空隙排出。火塘与后室是居住者频繁活动的交流区域，需要对其舒适性加以改进。改造方法以“加法”为主：对火塘增设排烟道，直接排出室外。以干湿分区为原则，在后室预留卫生间区域，通过预埋的排污管道疏通至化粪池。减少家具与墙体遭受到烟熏的污损，降低居住者在此环境中身体健康遭受的损害。另外，一楼需增设并合理布置化粪池，预留二楼排污管，有效解决生活污水的排放问题。楼板可使用浇筑混凝土预制楼板，以阻止一楼牲畜粪便腐烂的气味蔓延至二楼居民的起居处。同时对一楼的家禽家畜生活区进行合理分区，以便对其产生的排泄物进行有效整理与清洁。在二楼，根据居民的生活状态，应尽量保存现有格局，尊重居民长久以来的生活方式与起居模式，不应大拆大建。

5　结束语

侗族传统木结构民居是沉淀千年后表现出来的固态艺术文化，面对现代文明、现代建筑的冲击，其是否可以完好保存、传承，取决于能否与时俱进。但随着经济的快速发展和居民生活质量的不断提高，干栏式民居已不能满足现代居民的需求，木构民居受独特自然环境、地理地貌和气候条件的影响，限制其不能照搬城市的设计模式，因此在新的时代背景下，探索出成本低、见效快的再生对策及其技术，是保护侗族木构民居的重要工作内容之一，也对民居未来的再生提供了重要的参考借鉴意义。

参考文献

[1] 吕岩. 试论我国木结构建筑的现状及发展前景[J]. 低碳世界，2017（25）：164-165.

[2] 叶雁冰，唐柳丽，张琪. 广西侗族村寨建筑的保护与发展思考[J]. 四川建筑科学研究，2012，38（4）：101-103，122.

[3] 覃彩銮. 论壮族干栏文化的现代化[J]. 广西民族学院学报（哲学社会科学版），2000（01）：47.53.

[4] 江亿，林波荣，曾剑龙等. 住宅节能[M]. 北京：中国建筑工业出版社，2006.

[5] 王恺，赵荣军，潘海丽. 展望我国木结构建筑复苏后的前景[J]. 中国林业产业，2004（02）：12-15.

作者简介：宋欢欢，女，生于1993年3月，湖北黄冈人，现为西安建筑科技大学建筑学院硕士研究生。

基于现代生活需求的桂北地区汉民居建筑空间格局再设计

黄慧玲

摘　要： 通过对桂北汉民居历史文化形成的原因，对该地区传统民居建筑在形制、结构和造型上的特色以及当前存在的主要问题进行分析。为适应现代生活，对建筑空间格局进行再设计，从而在保留传统建筑特色的同时，促进当地建筑文化发展。

关键词： 桂北汉民居；空间格局；再设计

广西是一个多民族大聚居、小杂居的地区，在历史的不同时期，汉族因为政治、军事和经济等原因，从中原、湖南、广东等地通过湘桂走廊、潇贺古道和西江流域进入广西，分布在桂东北部、东部、东南部地区的桂林、贺州、梧州、玉林、防城、钦州等地。桂北汉民居，作为广西民居最具代表性的建筑之一，是移民带来的中原文化与当地壮、侗、瑶、苗等少数民族文化交融的结果，是广西民族文化的体现。

1　桂北汉民居的建筑特点

1.1　历史文化对建筑特点的影响

桂北地区，以至于桂林全境的汉民族，主要以村落的形式进行族群聚居，单个家庭拥有独立的院落建筑，同姓或间以杂姓家庭的聚落形成村落，散布在平原水系周围。桂北地区的汉民族，自秦汉以来，从湘赣地区皆有移民，深受中原文化和“楚”文化影响。因江西是朱程理学发源地，儒家礼仪观念亦是桂北地区的文化特征之一。桂北汉民居建筑在文化上主要分属于湘赣民系，堂屋是文化的中心，庭院是空间的中心，体现出儒家礼教在家庭生活中的中心地位。

1.2　地理、材料条件与建筑格局

建筑受所在地区的地形、地貌、气候和材料影响，会呈现出不同的建筑文化。桂北地区地处丘陵地带，多为山区，在河道的两旁有小冲积平原或滩涂。汉移民逐水而居，在水旁的小平

原建立村落。因丘陵山区平原面积有限，耕种资源以及能供养的家庭人口亦有限，限制了大家族合居，住民只能采用分家移民另建居民点的方式来解决生产资源的分配矛盾。因而，桂北地区的汉民居多以小家庭制为主，2~3代人同堂，7人左右一同居住，大家族观念没有那么强烈，但对于祖先的祭祀以及长辈在家庭中的地位与大家族聚落一致。小家庭的模式导致建筑体量普遍不大，多为3~5开间的单体建筑，或是带有厢房的小院落，其中以小院落为多。

在平面布局上，受儒家文化影响，堂屋是家庭文化的中心。以堂屋为中轴，建筑平面向左右两边铺开3~5开间，采用一堂两室或四室的主体建筑布局，堂屋正对院落中庭，两侧前有廊屋或厢房，堂屋和厢房为一层或两层。以堂屋和中庭为中心，与合围在两旁的厢房一起，形成一个院落，为“一进”，成为一个小家庭建筑体；多“进”纵横连接，以明确的轴线系统地体现大家族的宗族礼教观念。

在桂北地区，建筑材料因地制宜，以砖石、版筑夯土、泥砖等材料为主，在建筑结构上以墙体承重，硬山搁檩的方式为主，若墙体是泥墙，则屋面使用悬山坡屋面。

1.3　装饰元素

桂北地区汉民居因建筑材料和建筑结构的原因，内部木柱结构被砖砌墙覆盖，出于防御、防火、保暖的需求，外墙多为封闭式，或开很小的气窗，墙面不抹灰，砖墙和泥墙处于裸露状态；外部造型装饰主要集中在山墙、入口、檐口上，山墙以人字墙和马头墙为主，通过在墙头砖砌墙头叠涩造型，覆以青瓦作檐，堆砌起起翘的墙头，并在檐下墙头以白灰绘制山花。整体装饰清新淡雅，具有朴素的美感。

在内部装饰上，主要集中在木质构架及门窗雕饰，如堂屋的月梁、驼墩、梁柱交替的雀替等，施以精美的雕琢，无分大小户人家。

2　当前桂北地区汉民居建筑中存在的主要问题

随着社会的变迁，生活水平的提升，当代乡村村民的生活观念业已发生改变。城镇化的进程中，乡村中青壮年进城务工，迁入城镇生活，留下一片“空心村”；或挣钱返乡，推倒老房子，按照城里流行的样式，在基于解决居住问题的前提下，不加选择地、甚至于直接套用图纸进行施工，整个过程无设计，无审美，建造出一大片千篇一律的乡村建筑。个别在经济上稍微宽裕的乡民，按照想象中“城里的生活”的样子，使用瓷砖贴面、马赛克、罗马柱、欧式廊柱和窗花，将房子建造得“富丽堂皇”但又与周围环境格格不入。

现在桂北地区新建乡村民居，呈现出一片“方盒子小楼”的景象，与传统民居大不相同，精工细作无从谈起，精美装饰不见其踪。人口向城镇流动，乡村缺乏人气，是传统汉民居衰败的主要原因。

3 汉民居建筑空间格局再设计

3.1 现代生活需求

时代的步伐无可阻挡，现代化进程中出现不和谐的声音和画面无可避免。乡村要留得住“乡愁”，民居就必须要适应现代生活需求，进行设计改进，更好地利用乡村资源进行开发，建设和谐家园。

3.2 空间格局再设计

城市居民拥有的，在建筑空间格局内的现代生活需求，乡村也应该具备。列举出来，不外乎冷热水供给、制冷供暖、排水、网络、电力、独立私密空间、公共交流空间、独立厨卫、车库、储藏空间等。在桂北地区汉民居的现代建筑空间格局再设计中，可保留原有的建筑结构、形制不变，对空间格局进行再规划，重新划分功能分区，满足现代人的生活需求。

以桂北地区湘赣式汉民居“一进一天井”建筑为例，三开间，大门入口即中庭，正对堂屋，保留堂屋作为家庭思想文化的中心，祖宗牌位及供台依然设置在此；堂屋背面即后堂，后堂可设置为客厅，会客、起居、交流在此；堂屋两侧为正房，后堂一侧为储物间，一侧为楼梯间及卫生间；二楼共有五间房，可按照需求设置为卧室、书房、娱乐室等。一楼中庭两侧厢房，一侧可设置为厨房及餐厅，一侧可设置为车库及卫生间。通过对传统汉民居空间格局再设计，满足年轻一辈“现代城市生活”的需求，亦满足年长一辈对传统生活方式保留的心愿。

3.3 现代与传统的结合

通过对桂北地区汉民居空间格局再设计，在空间的功能分区上进行现代化划分，满足两代人或三代人的生活需求，在建筑的建造上，也可以使用新材料、新工艺，按照传统民居建造格局和装饰进行建设。青砖和钢筋混凝土并不对立，新民居结构上更稳固，建筑的保暖隔音更好，居住舒适度更好。在外墙设计上，可摒弃传统小窗、气窗的做法，可采用现代水平推拉窗的设计，改善采光、通风透气，或可将窗外美景引入室内，继续保留民族地域特色装饰元素，延续地方传统建筑文化。

结语

桂北地区汉民居是汉民族移民历史文化的遗产，是与当地少数民族融合的文化体现，在适应现代化城镇化的过程中，思考保留优秀传统建筑文化、发扬地域特色，满足当下生活需求，是新时代设计师需要不断思考和实践的课题。

参考文献

[1] 熊伟. 广西传统乡土建筑文化研究[D]. 华南理工大学，2012：43.

[2] 梁燕敏. 桂北民居元素在现代居住建筑中的应用[J]. 艺术百家，2012，28（S1）：115-116.

作者简介：黄慧玲，女，生于1982年8月，广西永福县人，工程师，广西演艺职业学院艺术工程学院讲师。研究方向：高等职业教育、环境艺术设计。

广西侗族民居建筑模块化设计探索

程晴

摘　要：侗族是一个历史悠久的民族，侗族民居建筑不仅造型美观，而且工艺精巧，结合缜密，是我们中华民族的瑰宝。然而在调研中发现，随着时代的进步，居民的生活方式已经发生了许多改变，原有侗族民居的建筑模式、内部空间品质、设备设施等均无法满足现代人的生活需求，因此本文探索运用模块化设计，将新材料、新工艺运用在侗族民居的建造上，在吸收侗族民居建筑的造型之美，保护传统村落整体风貌的同时，又能改善当地居民的生活空间环境，提高居住的舒适度，让侗族民居建筑在保护的同时得到发展和创新。

关键词：侗族；民居；模块化；设计

1　广西侗族民居建筑概述

1.1　广西地理气候环境

广西壮族自治区简称桂，地处祖国南疆，北回归线横贯中部，属中、南亚热带季风气候区。气候温暖，降水充沛，冬短夏长，山地多，平原少，地貌属山地丘陵盆地地貌，丘陵和山地面积约占广西陆地面积的70.8%。

1.2　侗族文化概述

侗族是一个古老的民族，主要生活在贵州省、湖南省及广西壮族自治区交汇处。广西为侗族人口第三大的省份，侗族是广西第五大民族，仅次于汉族、壮族、瑶族与苗族。侗族的村落依山傍水，聚族而居，村寨大的可达五六百户，小的也有六七十户，一般村寨一百多户，极少单家独户。民族建筑方面，侗族擅长石木建筑，鼓楼、风雨桥最为出色，不用一钉一铆，皆以质地上乘的杉木楔子衔接，工艺精湛，是侗族人民的智慧结晶，也是我们宝贵的财富。

1.3　广西侗族民居建筑风格及特点

由于侗族聚居地多为丘陵和山地，气候多雨潮湿，因此侗族的民居一直沿袭了先民越人创造的干栏式木结构建筑形式。侗族干栏式民居一般用杉木建造，木楼一般高两到三层，底层架空。它独特的建造形式可以摆脱地面条件的制约，很好地适应居住地区内起伏多变的地形地势，具有独特的地方风格和特征。在侗族村寨里，干栏式民居以鼓楼为中心，犹如蜘蛛网，呈放射状排列，各具特色，结合自然环境和侗族人民的聪明才智，形成了独具特色的民居建筑群。

1.4 侗族民居内部空间布局模式

侗族民居一般有两层楼，也有三层楼的。一层架空不住人，靠柱子支撑，通风干燥，又能防毒蛇和虫兽侵袭，还可以安置柴草、杂物，放置农具，饲养家禽等。二层是主体使用层，也是侗家人饮食起居的地方，由堂屋、宽廊、卧室等构成。堂屋设有神龛，左右侧为火塘，是全家人炊饮、取暖的地方，也是接待会客的空间。堂屋的一侧是宽廊，宽2~3米，这里光线明亮，设有长凳，是家人重要的交流活动场所。卧室一般设于堂屋的两侧，外人一般不入内。第三层为阁楼，较宽敞透风，主要储藏粮食和堆放杂物。

2 侗族民居现状问题分析

随着人民生活水平不断提高，侗族居民的生活方式也在不断变化。传统民居里没有考虑到空调、热水器等现代设施，也没有独立的厨卫设施，居民生活十分不便。于是在传统侗族村落的周边，甚至就在村落里面，人们纷纷建起了许多具备现代功能的混凝土建筑，以满足现代人的生活需求。现代建筑虽然在某些方面改善了侗族居民的居住环境，但缺点也是显而易见的：

1. 和原有建筑极不协调，破坏了侗族村落的和谐之美。

2. 使用现代的平地建筑规划理论与施工方法来进行山地建设开发，对当地千姿百态的山地环境造成了严重破坏。要知道山地资源一旦被破坏，几乎是不可逆的，难以修复不说，甚者还会改变当地山地环境自然生态系统，进而对整个广西的动物、植物、水利、旅游等方面都造成难以估量的不利影响。

3 侗族民居的更新策略

3.1 模块化设计的原理

模块化设计的概念在20世纪50年代由欧美一些国家正式提出，随后得到广泛的研究和推广。建筑领域的模块化设计，可以理解为打散与重构设计，指把建筑分解为若干个独立的单元体，通过统一的设计规则进行合理的组织装配。这样有利于节约建筑成本，方便运输，提高建造效率，实现建筑产业可持续发展。

3.2 模块化设计在侗族民居建筑中的可行性分析

1. 侗族民居原有的房屋结构、平面布局等方面都有一定模数控制，我们可以利用这一特征设计出基本的模块，进行拼装。

2. 侗族村寨一般道路狭窄、崎岖，建筑材料运输困难，建造混凝土房屋时间周期长，建成后还会产生很多建筑垃圾，不易清理，对周围环境造成影响。模块化设计把建筑拆分为各个零部件，运输方便，安装简单，提高建造效率。施工中建筑垃圾少，材料可以循环利用，节约资源。

3. 模块建筑可以探索使用更多的新型材料和先进技术。如钢材、利用废弃物作为原料生产的复合板材、防火保温型材料、可降解材料等都可以进行尝试，让建筑材料更适合当地的环境和自然气候，让居住变得更舒适。

4. 把模块化设计植入到侗族住宅建造中，房屋的各个零部件可以进行工厂化的生产，有利于节约建筑成本，从而实现大规模的推广。

5. 政府对装配式的建筑越来越重视。根据《南宁市装配式建筑发展规划（2017-2020）》文件精神：到2020年，装配式建筑占新建建筑的比例达到20%以上；到2025年，装配式建筑占新建建筑的比例达到30%以上；扶持政策：严格落实出让地块的装配式建筑建设要求，完善并落实装配式建筑的激励政策，探索通过建筑面积奖励、放宽预售资金监管、财政资金补贴税收优惠、降低劳保费初次缴费比例等措施推进项目的建设。

3.3 侗族民居建筑模块化设计中的要点和设计思路

以独栋侗族民居作为一个基本体进行拆分研究，可以分为5大部分，分别为梁、柱部分、墙体部分、屋面部分、门窗部分、楼梯部分。内部按照居民的使用需求，可植入整体厨房、整体卫生间等标准模块，实现内部空间的自由搭配，进行合理的空间分割，提高居住的舒适性。

参考干栏式木结构的圆柱体立柱形式，模块化设计的柱体可采用现代钢材圆柱体结构，由多部件拼装而成，四个方向都可以和墙面进行对接（图1、图2）。

模块化建筑的墙体部分可选择标准复合型砖模块插接而成，每块标准砖的尺寸为550mm×300mm，厚度为150mm，具有良好的隔热保温性能，内部可以预埋管线，避免明装管道影响美观，墙面模块可以和柱体模块进行拼接（图3、图4）。

最后单独安装门窗模块、屋面模块、楼梯模块等，完成侗族民居的模块化组装（图5、图6）。

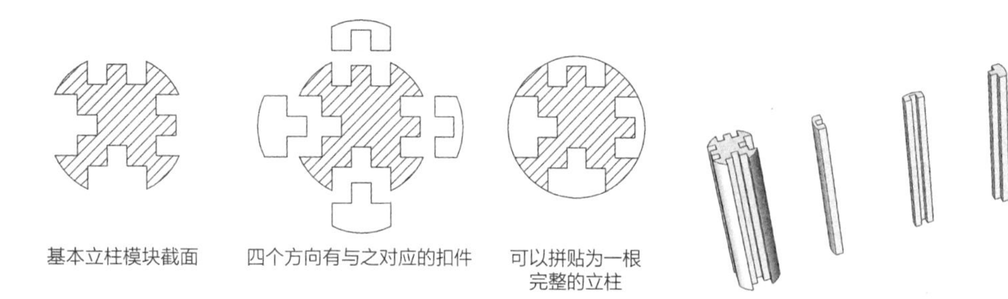

图1　立柱横截面

图2　立柱分解透视图

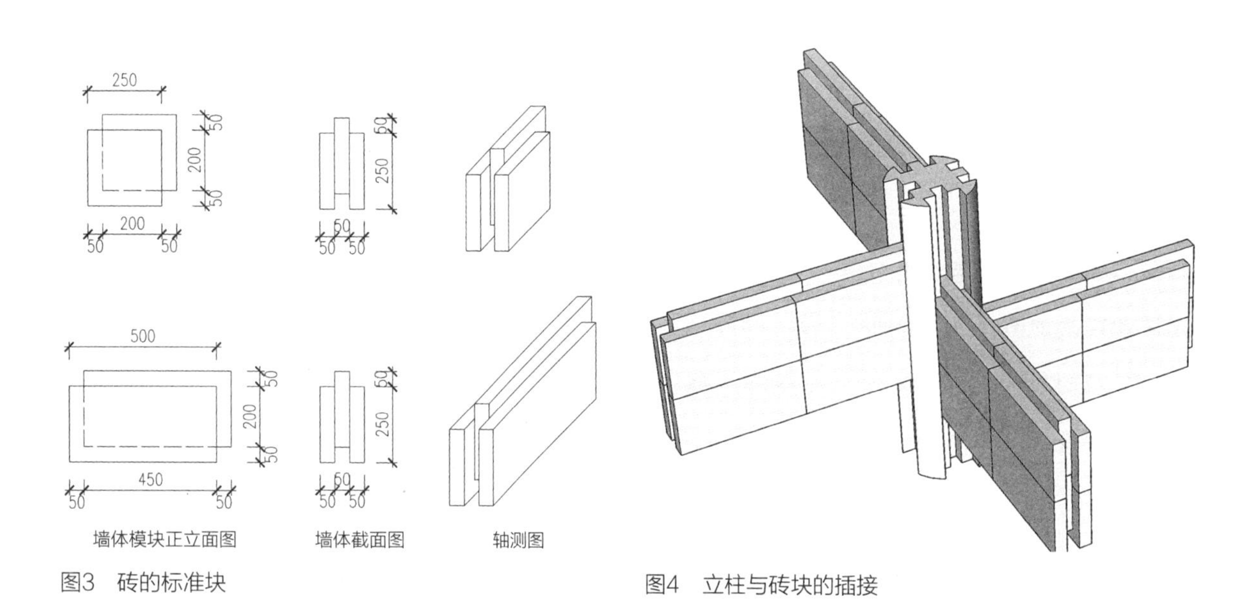

图3　砖的标准块

图4　立柱与砖块的插接

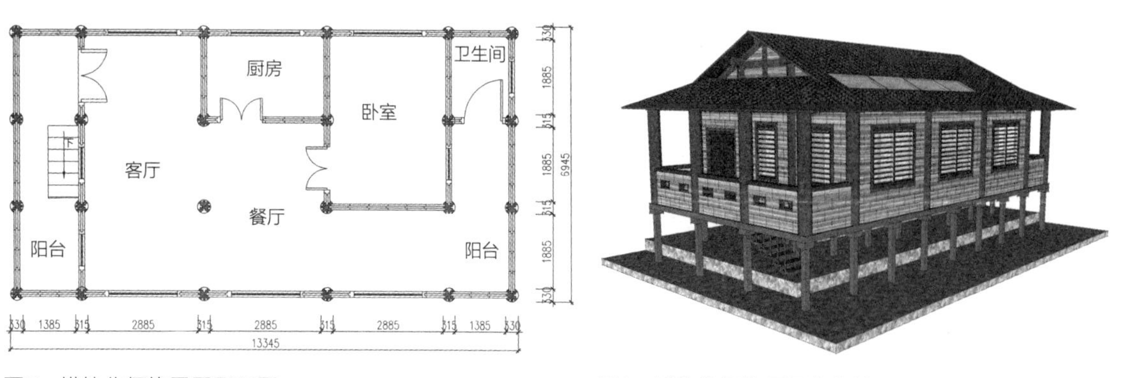

图5　模块化侗族民居平面图

图6　模块化侗族民居整体效果图

3.4 侗族民居模块化设计在文化保护上的亮点

1. 模块化侗族民居设计依然沿袭了侗族传统民居底层架空的设计手法，以钢结构作为支撑骨架。该设计在建筑选址方面有着广泛的优势：可以依山而建，少占耕地，最大限度保护了当地的自然山地环境。该设计同时还保持了当地居民传统的生活习惯：底层空间通风防虫，可以继续用来圈养家禽，存放农具等。

2. 二层墙面采用保温隔热性能良好的复合型模块材料，舒适性优于传统的单一板材，面板的颜色以大地色系为主，可以与自然环境相融合。

3. 为了增加房屋内部的光线，集成窗户尺寸在参考原传统建筑尺寸的基础上有所增大，开设天窗引入自然光，让室内更加通透明亮。形式上保留了传统建筑的宽廊，依然可以作为家人重要的交流活动场所。

4. 增加厨房、卫生间等内部模块，人们可以享受到现代设施的便利。

4 结语

侗族传统民居建筑是我们民族文化的瑰宝，本文通过对侗族民居建筑模块化合理组合的探索，以及现代建筑技术植入方面的研究，希望能在保护传统侗族村落的前提下，进一步改善当地居民的生活条件，留住当地的原住民，满足人们对新的生活方式的向往。

模块化是未来建筑一个重要的发展方向，如何让它与侗族民居有机融合在一起，在创新中合理保护传统建筑，是我们始终不懈的追求。

参考文献

[1] 童时中. 模块化原理设计方法及应用[M]. 北京：中国标准出版社，2000.

[2] 熊伟. 广西传统乡土建筑文化研究[M]. 北京：中国建筑工业出版社，2013.

[3] 杨丽娟，熊定. 三江侗族自治县侗寨传统民居的生态适应性研究[C]. 2018第八届国际园林景观规划设计大会暨中国建筑文化研究会风景园林委员会学术年会，2018.

作者简介：程晴，女，广西英华国际职业学院教师，讲师，工程师。

广西壮族村寨民居的改造探索

肖振萍

摘　要：文章通过分析壮族民居建筑特征以及其发展难题，提出改造性解决方案，以期通过探索传统建筑精髓与当代生活方式的融合形式激活传统壮族建筑在当代乡村的生命力，为美丽乡村的改造建设提供可实行的思路。

关键词：乡村建设；少数民族建筑；壮族村寨；改造

广西壮族先民为了适应亚热带炎热而多雨、潮湿的气候，以及猛兽横行的地区环境，创造了具有地域特色和民族风格的干栏建筑，其优良的使用功能在南方民族的建筑史上占有重要的地位，并对周边民族建筑产生影响。然而，由于全球化对乡村文化观念的影响，加之壮族青年对都市生活的向往，使得本族人对自身文化的认同度低，同时传统建筑隔音效果差、防火效果不理想等种种弊端让壮族人倾向于接受钢筋混凝土材料和现代建造技术，而民族生活方式的改变也让传统建筑的特有形式失去了功能意义。以上诸多的因素让壮族建筑的原始风貌遭到极大的破坏。因此，即便在乡村地区，壮族建筑的保存和发展也面临极大的考验。虽然“文化保护”观念已经越来越受到重视，但是实行中真正的难点依然是：如何对待传统建筑风貌与现代生活需求的矛盾？如何解决传统材料与现代施工技术的矛盾？本文针对壮族民居现状进行分析，并进行民居改造的探索，希望对找寻这些问题的答案能有帮助。

1　壮族民居建筑特征分析

1.1　建筑形式

壮族干栏式建筑类型有全楼居高脚干栏、半楼居干栏、低脚干栏（包括横列式干栏）、地居式干栏四种形式[1]，建筑采用穿斗构架，以瓜柱支撑和抬高擦椽。随着不同时期需要适应不同的需求，干栏建筑渐次经历了从全楼居高脚干栏到低脚干栏形式的演变，最后发展成为地居式的过程。据考证，全楼居高脚干栏为形态较为原始的建筑类型[2]，仍保存古代干栏的风格特征。在此结构上又发展出利用鲁屋后部地面居住的半楼居高脚干栏式，而低干栏式则在半楼居高脚干栏式基础上将底层高度降得更低，这一形式的底层高度已不适应用来圈养牲畜和堆放杂物，仅有用隔潮通风的功能。地居式干栏建筑沿用干栏式主体结构但直接以地面为居住面，前廊保留干栏建筑的风貌特征，牲畜另在旁侧结栅圈养。

1.2 建筑材料

从历时性角度对壮族建筑进行分析，壮族古老的建筑无一例外地采用全木结构[3]，以后逐渐出现用石块垒砌成墙以及房屋两侧基脚的木石结构，再发展到用夯土筑成房屋两侧山墙但梁架和楼板仍为全木的木土结构。由于粮食采集方式和社会关系的变化，壮族居民的居住环境形成由高处向低处乃至平地移动的趋势，因此形成了在交通不便的深山、高坡、半山腰村寨多为高楼干栏和半楼干栏房屋，在山岭坡上的村寨多为地居式干栏，山岭脚下的村寨多为低干栏房屋的立体建筑景观。

1.3 建筑空间特点

广西壮族村寨的干栏房占地多较宽大，一般多为五柱，一侧有披厦，面阔约为20米，进深约为10米，房屋底层一侧设进屋的入口，并建有长约7米、宽约2.5米的望楼，望楼旁搁置木凳用来挂放工具或休息使用。入口木梯与二层相连，沿木梯向上可到达二层居住层。

火塘是传统壮族人生活的核心，传统的火塘采用双层梁或穿梁加下吊，再用木板围坑，坑里埋泥土，上铺青石板与模板隔离，起到防火保暖的作用。火塘一般设在屋内厅堂两侧，家庭室内生活最温馨的记忆都和火塘相关，家人炊煮通常使用右侧火塘，婚礼等喜庆之日宴请宾客则使用左侧火塘。常用的火塘一侧的壁面上设有壁龛，用来放置炊器和饮食器具，功能相当于橱柜。

卧室或储藏室在火塘后侧和左侧，以木板隔开。平面布局因区域文化不同稍有差异，但布局都有严格的规矩。以龙胜地区为例，从前厅进入堂屋与祖宗神位形成“三点一线”，卧室安排在神位背面用隔板隔开的空间内。父辈居正中，其余按照女性居右男性居左的传统布置，右边房住母亲，左边房住儿媳。未婚子女则儿子居左，女儿居右，女儿结婚后回娘家仍可居住。而百色一带干栏房的布局稍有不同，仍然以中间为厅，但厅的后半部作厨房，左右厢房作卧室。居住空间的安排仍然沿袭男左女右的思想，左厢房前半部为父辈居住，左右厢房的后半部为儿孙住。

壮族干栏式建筑以居民生活起居习惯作为空间功能布局的核心，住屋旁侧增建披厦、望楼和回廊，供家人乘凉。相对的一侧前设木竹建成的晒台，满足晒谷、舂米、炊煮、饮食、集会等活动的多种需求。

2 壮族民居发展现状分析

2.1 现代砖瓦房正取代传统壮族建筑语言

近年来广西大多数壮族村寨新修建的房屋多为砖混结构，铝合金和玻璃等材料广泛使用。追溯其缘由可能与村民外出务工的经历有关，文化的劣势和社会地位的差距让他们否定自身文化，意识中认为欧式元素可以代表富贵与成功[4]。因此，即使与周围环境不协调，他们也仍然愿意建造“新式房屋”，并互相攀比。在一些政策的影响下，本民族文化的价值得到了有效的修正，但又在模式化、规范化的要求下，壮族传统建筑失去了自由发展的意趣。

2.2 新的生活方式对建筑及室内提出新的功能要求

如今的壮族年轻人因为读书或外出务工等原因，很多都走出过自己的家乡，见识过世界发生的变化，也感受到城市中舒适的居住环境，外来文化对壮族村寨文化产生了相当大的冲击[5]。在这样的文化对比中，壮族民居木结构隔板不隔音、不防火，人畜混住、不卫生等弊病让壮族建筑几乎面临淘汰。尤其煤气、天然气等新能源优于柴草等传统能源，村民们已经不再满意传统的住宅环境。在调查中还发现：如今新建的“干栏式”吊脚楼有90%以上把底层用红砖砌实，由此可见居民对自己的新建房从外观到 内部设施都提出了新的功能要求。

3 壮族民居改造的实验探索

对于壮族居民来说，改变居住空间的舒适性比保留建筑的民族风貌更为重要，保持自己生活的先进性比守护自己的文化传统更重要，建造的成本比老房子里的乡愁更重要。如果改造的建筑不能解决这些问题，那么对于壮族居民来说就是无意义的。在这样的前提下，倡导和实施单纯的“保护”和“保持”方案就显得很苍白，因而通过优化设计来重新考虑壮族民居生活空间的改进与功能空间的改善是必要的。

3.1 传统技术材料融合现代生活观念

地域文化的形成是在地形、材料、工匠、技术、文化逻辑这样多重限制的局限条件下形成的[6]，同时新生活方式的融入也能给传统建筑新的活力。因此，应避免盲目排除大窗户采光取景的建筑结构和现代化的铝合金门窗，确保在解决了房屋结构稳定性、夏季阳光直晒、蚊虫鼠患等因素的前提下采用大窗户，这可以让室内居住者与自然产生更多的互动，同时让透明玻璃材料在村落环境中形成最小的视觉污染，与建筑整体以及村落整体的风格相协调。另一方面，在考虑降低成本、稳固建筑结构的前提下采用本地木材以及传统工匠、采用传统施工工艺完成建筑外立面的结构的造型和肌理，形成景观语言与建筑形式的统一。

3.2　传统建筑形式融合现代生活方式

壮族传统的“干栏式”木质吊脚楼在村民自建新房的过程中多数用木板或红砖填实，这在功能上也降低了原本底层作为通风与防潮的作用，在视觉效果上与传统风貌发生视觉冲突，但另一方面却反映了这一形式与当前生活方式的冲突。失去了干栏式的建筑造型就失去了传统的风貌，为了保留传统壮族建筑的文化逻辑又改善居住体验，在方案中通过还原底层架空的形式虚化建筑底层的视觉效果，以出挑的晒台和水景调节房屋空间的小气候，以现代造景形式为壮族居住空间阐释新的生活方式。

3.3　传统生活需求融入现代建筑空间

厨房与卫生间的改造是改善壮族民居居住体验的重点。传统壮族民居在卫生间设置的问题上受地形和建筑结构等因素局限，防臭防污效果糟糕。改造后卫生间通过管道排泄到沼气池中转换为能源，既解决了传统壮族建筑防污防臭的问题还解决了清洁能源的问题。而且由于设置管道，卫生间位置不受局限，可以更合理的安放在背阴背景等不理想的方位，有效避免因通风、采光等因素而带来的问题。

另一方面火塘是传统壮族生活的中心，炊事也占据着乡村生活大部分时间，一家人除取暖聊天聚会之外，煮食烧饭炕菜都围绕火塘边进行，火塘承担了厨房的功能但又比厨房具有更多的社会功能和文化意义。而且乡村家庭中使用柴火的比例很高，因此壮族厨房的设计要考虑更宽大的空间满足传统生活方式对炊事延伸功能的需求，方案采用大尺度厨房空间以新的空间形式定义传统生活方式。

3.4　现代建造形式重释生活新方式

考虑壮族居民的生活习惯和对晒台的依赖，满足休息或聊天的生活需求，设计出挑的平台将二层平面结构与传统民居廊结构和堂屋相结合，增加沙发、茶几等会客功能。宽大的会客厅和宽敞的观景窗满足了居民对城市生活的向往。三层采用坡屋顶结构，从而获得了独特的空间造型与外观效果。非常规的空间在使用上带来心理上的疏离感[7]，同时明亮的采光环境和高挑的景观效果使其成为理想的观景区域，也具有被打造成为特色民宿的潜质，可以成为乡村创收的新形式。

诚然，在改造过程中，建筑的新形式不可避免地会与当地村民的传统观念发生冲突，设计师要做的是在尊重壮族传统风俗的前提下，以环保和可持续的设计推进壮族农村民居的改造和建设，改善居住质量，以新的生活方式和建造形式重释壮族建筑文化，从而让更多的人接受、认同壮族建筑文化，开展更加深入的壮族乡村建筑的讨论和探索。

参考文献

[1] 覃彩銮．壮族传统民居建筑论述[J]．广西民族研究，1993（03）．

[2] 覃彩銮．壮族传统民居建筑论述[J]．广西民族研究，1993（03）．

[3] 覃彩銮．壮族传统民居建筑论述[J]．广西民族研究，1993（03）．

[4] 陶雄军，何奕阳．论艺术设计中的印象“再现”[J]．艺术科技，2015（03）．

[5] 王成，莫敷建．“互联网+”时代传统聚居村落的保护与开发研究[J]．建筑与文化，2018（09）．

[6] 吕品晶．见人见物见生活的乡村改造实践[J]．世界建筑，2018（08）．

[7] 玉潘亮，唐孝祥．中国传统城市营建艺术与围棋的审美共通性[J]．规划师，2018（09）．

作者简介：肖振萍，女，生于1983年10月，副教授，大理大学艺术学院艺术设计系主任，中央美术学院访问学者。

广西壮族干栏式建筑空间的现代重构性思考

王瑾琦

摘　要：中国幅员辽阔、历史悠久，地理环境复杂多样，民族习俗与区域文化也各不相同。区域性的建筑样式与空间不但会受到其他区域的建筑因素渗透，同时也会受到时代性因素的影响。在我国当代多元化的建筑文化潮流的推动下，广西壮族民居建筑势必也会受到区域性与时代性的影响。深入挖掘广西壮族民居建筑在现代环境中的多种可能性，在弘扬地区文化，保持地方特色的同时，也在映射时代性需求，对广西壮族民居以及其受众，有着非常重要而积极的理论意义与现实价值。

关键词：干栏式；建筑空间；现代重构

1　引言

干栏式建筑作为广西壮族民居的重要组成内容，在山地与丘陵覆盖面积占49.7%的广西壮族自治区，具有重要的实用价值与意义。广西地区，特别是在桂东南、桂南以及桂西南等丘陵密集地区，干栏式建筑是该地区壮族民居的主要形式，其中依靠山地，减少建筑结构与用材的错层型干栏式建筑最为常见。随着现代社会的发展，建筑中使用的材料与工艺慢慢有别于传统的建筑材料与工艺，在此基础上，衍生出符合当代社会气质的建筑空间形式。传统壮族干栏式建筑于此大背景下，或多或少都会受到当代建筑空间的影响。传统壮族民居如何在现代建筑空间的冲击中保留传承下来，并合理的理解与融入当代，是非常值得我们思考的。

2　广西干栏式壮族民居的类型

广西干栏式民居，主要分布于桂东南、桂南、桂西南等山地丘陵地区，建造在山腰与陡坡之上，多数采用木结构，有部分采取木结构为主，石材为辅的结构形式。建筑以整根的圆木为柱子，圆木或方木为梁架，木板为墙体，依山而建，底层木地板面向外挑空，立木柱为支撑，平齐水平地面，设置楼梯连接建筑一楼平台。建筑多是两层，一层用以居民起居生活，相对二层较高。二层较低，用以堆放杂物柴草。其上设置坡屋顶，与用以畜养牲畜的架空空间共同组成一个整体的，满足居民生活使用的建筑空间。

此种建筑形式是壮族居民为适应山地地势而采用，在此过程中，多采用“挖”“填”“垒”等方式对山地陡坡地形进行处理，这样不但可以适应地形，同时可以节约大量的人力物力。较为常见的处理方式可以总结为以下五种：①挖进型、②填出型、③挖填型、④错层型、⑤悬空型。(图1)。

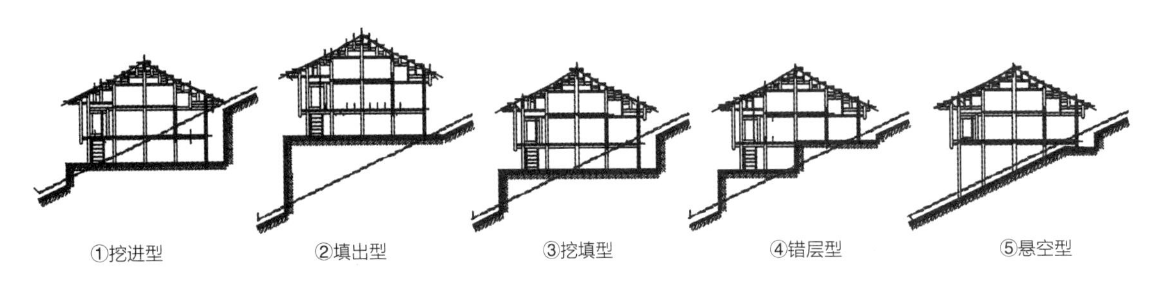

图1　广西壮族各类型干栏式建筑剖面示意图
(图片来源：熊伟. 广西传统乡村建筑文化研究[D]. 华南理工大学，2004)

3　广西壮族传统民居空间形式

广西壮族民居的空间内容主要包括：堂屋、外廊、楼梯、仓库、厨房、晒台、畜棚以及储藏室。其中堂屋为建筑空间最为中心的区域，内设置火塘一处或两处，除却“取暖”“照明”等实用功能以外，其更是壮族民居重要的“家”的精神概念的体现。壮族干栏式民居的平面布局，主要是以前堂后室的形式为基础，在矩形的基础之上进行有序的排列与组合，相对而言较为灵活。外廊、楼梯、仓库、厨房、晒台、畜棚以及储藏室等围绕着堂屋进行布局，同时屋内所有的房门一致朝向堂屋，用以突出堂屋在建筑空间中的中心地位(图2、图3)。

与实用性相比，壮族干栏式民居对于精神层面“家”的概念更为重视，在木构建筑当中，采用火塘形式来将家族成员进行聚集，形成完整的“家”的概念形式，这种传统的做法注定会在建筑中形成一定的危险性。壮族传统民居并不具备独立的卫生间，而是在卧室区域的地面进行镂空处理，联通一层卧室与架空层的畜棚，将生活排泄物直接排入畜棚，用木桶等工具进行遮盖。畜棚内的生活排泄物与牲畜生活产生的污气，混杂在一起，与一层堂屋、卧室等生活起居空间仅仅相隔一层木地面，对现代人以及现代设计追求的卫生、舒适的环境有较大偏差。

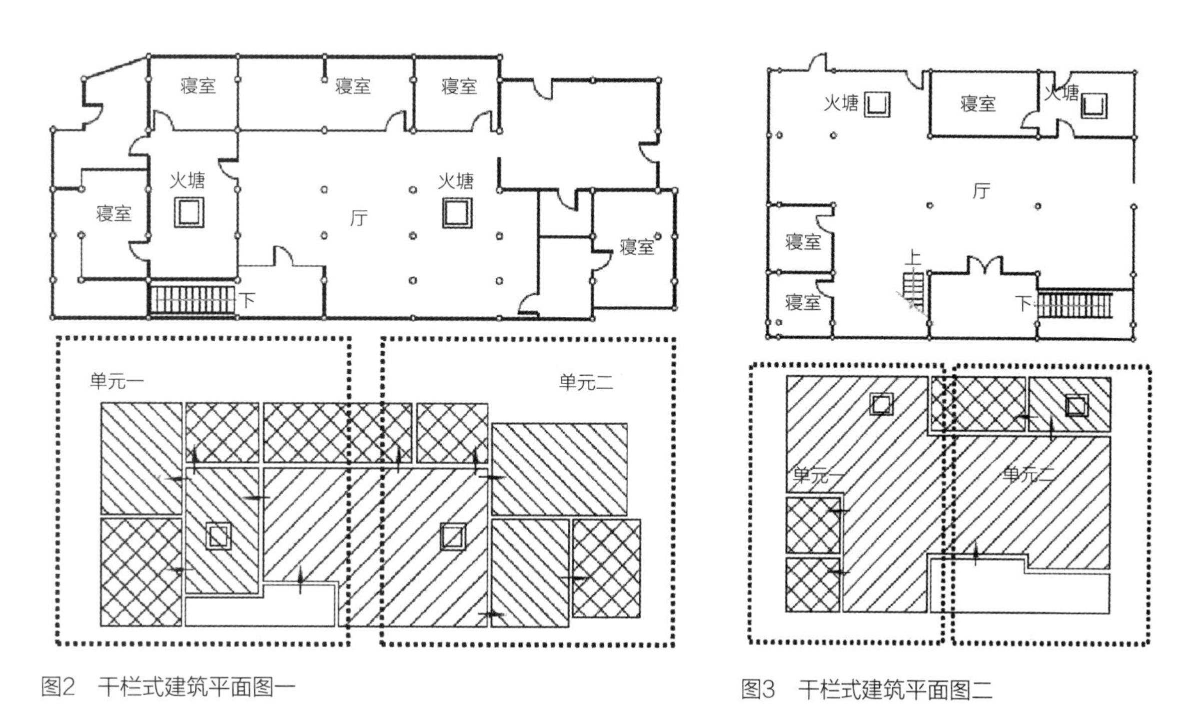

图2　干栏式建筑平面图一　　图3　干栏式建筑平面图二

（图片来源：石拓. 中国南方干栏及其变迁[D]. 华南理工大学，2013）

4　广西壮族传统民居建筑空间的现代重构

根据现代设计整体性与开放性原则，以及当代居民的需求，对广西传统民居建筑空间进行以下几个方面的重构。

4.1　建筑空间与自然环境的重构

广西地区地理环境优越，多山多水，建筑的建造往往都可以靠近山地，临近水体。传统广西壮族干栏式民居与山水关系较为疏离，进行人为的隔绝，现代设计提倡建筑与自然的亲近共生，重视建筑与自然环境的开放性与共存性，增加建筑空间的多样性，与周边环境进行融合。现代广西壮族地区，产业变更，农耕文化的特性渐渐消退，将建筑架空层不再实用的畜棚空间进行改造，引入水体，与建筑二层平台上的水池组合成落水空间，在临近自然的同时，增添趣味性，并且于夏季炎热季节期间，降低室温。在建筑一层楼面，建造直接通向架空层的楼梯，使用纤细金属吊杆连接建筑主体与楼梯，形成建筑与自然环境的无缝对接。同时建筑开门面采用透明材料，形成通透的建筑空间，达到建筑内空间与建筑外空间相互交融的空间效果，达到建筑与环境一体化的空间形式重构（图4）。

4.2 建筑空间形式上的重构

广西壮族传统民居建筑，往往只有两层，一层为居民生活区域，二层堆放杂物柴草，利用率较低。其根本原因在于二楼层高较为低矮，可利用空间不足。通过增加建筑的层高，将建筑的每层层高做到统一，并且增加建筑总楼层数，扩大建筑空间容量。同时在原有建筑基础上增加空间，使建筑可以容纳多个空间区域，达到建筑空间功能化的整体性。广西壮族传统建筑，往往更为重视建筑前面的空间使用，对于建筑后面的空间建设力度较弱，导致建筑空间形式固化。在建筑的后方设计相应的建筑空间，并于屋顶开天窗进行采光，侧面设计“丨”型建筑空间，与建筑主体“一”型建筑一同重构成“7”字形空间形式（图5）。

图4　于一楼地面设楼梯通往架空层水面
（图片来源：作者自绘）

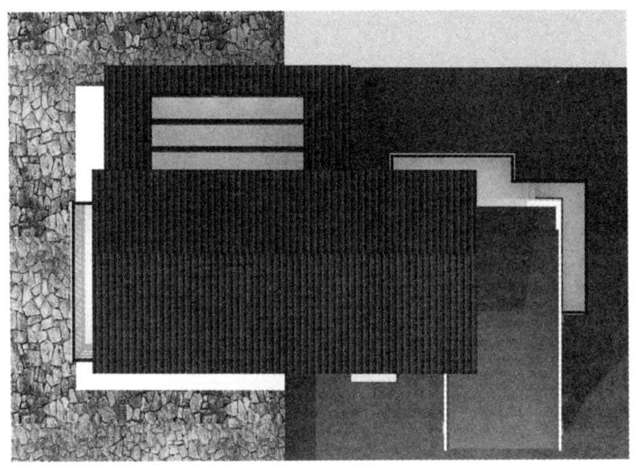

图5　重构后建筑顶面图
（图片来源：作者自绘）

4.3 建筑空间内容上的重构

广西壮族传统民居建筑主要包括堂屋、外廊、楼梯、仓库、厨房、晒台、畜棚以及储藏室等分区，是根据传统壮族居民生产生活习惯形成的。当代广西壮族居民的生活习惯并不完全与过去相同，其并不再从事农业活动，不再畜养家畜，架空层畜棚的存在意义并不大，可将其移除，仅保留架空吊脚的形式，形成广西壮族民居建筑形式的文化意向。同时增加外廊、晒台与观景区，满足当代居民更加丰富的物质与精神追求（图6、图7）。

图6　增加的晒台与外廊
（图片来源：作者自绘）

图7　重构后的室内观景台
（图片来源：作者自绘）

5　结语

本文通过对广西壮族干栏式建筑以及建筑空间进行概要性分析，并基于环境与现代广西壮族居民的需求，对其进行简单的环境、形式与内容的空间重构。在我国大力提倡“美丽乡村”、“美丽中国”的政策指引下，对广西壮族干栏式民居在当代的传承与发展做出了初步思考。在此过程中，尽可能地让广西壮族建筑适应现代的发展以及社会进程，加深大众对广西壮族建筑的认知，为广西壮族建筑系统而完备的发展进行一次尝试，并慢慢探索出广西壮族民居保护与发展的具体内容，使得壮族传统民居建筑的保护与发展措施相对完善，以达到预期的目标。

参考文献

[1]　熊伟．广西传统乡村建筑文化研究[D]．华南理工大学，2004.

[2]　石拓．中国南方干栏及其变迁[D]．华南理工大学，2013.

[3]　李长杰．桂北民间建筑[M]．北京：中国建筑工业出版社，1990.

[4]　陈楚康．广西壮族传统民居的再生研究[D]．西安建筑科技大学，2018.

[5]　汪倩，张林宝．广西壮侗传统民居现代适应性研究[J]．美与时代（城市版），2018（3）.

作者简介：王瑾琦，男，硕士研究生。现任职南宁学院艺术设计学院，讲师，主要研究方向：环境设计。

文脉与诉求

——桂北山地民居创新设计的创作探析

郭君健

摘　要： 随着科技水平的发展，越来越多的原住居民不愿继续居住在传统的村落里面，喜欢宽敞明亮的现代建筑，我们不能让村寨成为荒芜的村寨，留守的农村、记忆中的故园。随着时代的发展，传统村落建筑改造和设计在文脉传承上所占比例逐渐增大。本文将现代设计手法植入到传统民居建筑的设计上来，并对当下环境中现代与传统的交互演绎进行解读。

关键词： 桂北民居；创新设计；文脉

1　文脉延续与当代诉求语境下的壮乡民居研究

对于文脉而言，“脉”有联通和延展之意，表示横向的传播和纵向的延续，有时间和空间的双重含义[1]。在中国传统绘画中，虚实相生是古人重要的哲学思想，处理好建筑与景观之间的作为对立统一的范畴，处理好虚实关系，便能增加艺术表现力，凸显设计品位，传达出山水画中“咫尺千里”之意境[2]。

村落建筑是壮乡的文化载体，在一定程度上反映出广西在特定时间的人文风貌，这种形式不仅体现在村落的建筑风格上，更体现在生活方式和风俗习惯上。习总书记说：“农村绝对不能成为荒芜的农村、留守的农村、记忆中的故园。”要将乡村变成寻梦的老家，就要符合现代人的审美要求，同时又要延续传统民居的特点。城市大规模的扩张使得大量民居遭到了破坏，很多专家将传统民居作为地方文化多样性的重要载体。近年旅游业迅猛发展，虽然也促进民居民宿的相关发展，但模块化、同质化的乡村旅游也呈现出千人一面的景区特点。

不管科技有多么发达，传统文化都不应该被新的时代所抛弃，既不全部保留也不全部否定，提取传统精髓所在，在创新设计里大胆地加入传统文脉的艺术语言，这样传统才能得以立足，满足人们对居住环境的精神诉求，增加审美趣味。

2 艺术设计语言在壮乡村寨建筑改造中的形式与运用

现代性与传统性的共融性和共生性是一个整体，密不可分，而传统的壮族干栏式建筑设计理念的重心已从纯粹的形式感转向人与自然为主体的中国传统文化空间创造上来，在空间意境处理上强调人的参与和体验。在对空间分隔布局时必须要把用户对传统民居的视知觉领域的分析考虑进来，这样才能体现出设计师再设计时的科学性。同时对建筑结构与艺术元素进行要简化、归纳，发现建筑结构特点、寻找相似点、运用多种手法保持连续性。这些方法完全可以为传统民居注入新的组织结构活力，在新时期展现出新的艺术风貌[3]。

2.1 具象显性继承（元素的直接运用）

在建筑设计过程中，设计元素的具象显性继承的含义是将壮族传统文化符号特征加以概括和变形，产生新的设计语言，并将它运用到壮族民居中，形成一种新的建筑景观。表象我们不难理解，就是事物具体的形态样式，比如含有壮族个性特征的元素：壮锦、侗鼓、富有动态美感的风雨桥等元素，较为直观。

具象显性设计较为直接，也常出现“堆砌”式的设计，我们用壮族干栏式建筑的例子来说明。美丽壮乡元素中黑白素雅颜色的搭配在新民居的设计中一般都被延续了下来，在新的设计中再加入新的材料来表现，大气而富有现代的设计感。

2.2 抽象隐性继承（元素的吸收与改造）

抽象隐性继承就是将壮族元素的文脉价值以潜移默化的形式语言融入到建筑设计中来，使得建筑本身既现代又耐看。设计师提炼后的传统形式元素的融入让那些曾经居住过传统民居的居住者在空间中产生一种似曾相识的熟悉感，同时这种隐性继承的设计会让居住者更有空间的归属感。

2.2.1 对形体的简化与重铸

在研究广西传统的干栏式建筑民居设计元素中，我们会发现被提取出的传统造型和形式太过同质化，缺乏创新性研究，忽略了现代人的审美。所以，我们要对元素进行提炼，既要保留传统装饰的元素，又要将其提炼价值较弱的部分舍去。作为一个优秀的设计师必须要学会处理好整体与局部的关系，运用简化概括、抽象提炼和变形归纳三种方式进行艺术处理，这样设计出来的作品才能表现出广西民居的特征与精神内涵。

2.2.2 对建筑色彩的重组

在建筑设计中，色彩是情感流露最显著的部分之一。壮族民居色彩较为单一，缺乏特有的民族风情与地域文脉等特点，所以我们在进行传统村落建筑设计装饰时，应尽量沿用从结构角度入手，例如以木头为主，同时点缀以明艳的少数民族服饰色彩。有时色彩的载体是不固定的事物，可以是灯光、瓦片、玻璃、植被、水景等。我们通过对建筑环境色彩的传承和创新再造，通过肌理、造型、空间的节奏来满足人们对广西壮乡文化氛围营造的诉求。

2.2.3 对乡土材料的重构

在多元化的今天，现代设计师可以用新材料和新技术，来实现营造手法上的创新[4]。例如，广西民居过去主要以使用木材为主，现在则大多都被新型材料所取代了。建筑也不免失去了一些传统的亲切感。在一些特定的场合，由于采光不好，通透性不强，空气流通性较弱，设计师采用不锈钢或者玻璃瓦等现代材料，使得视觉要求与触感相对应，完成了一种新的空间体验。表现方式上要体现材料造型简洁、材质肌理丰富的艺术美感，同时也要突出传统民居的特点，给人们以美的展现。材料有两种属性，一种是恒定属性，另一种是易变属性，其分别对应的是其物理属性和感知属性。材料在从传统到当代的演绎中保持不变的是自身的材料真实性，在建筑中不是隐匿在后面，主要是作为一种维护性或者结构性存在。建筑表皮材料在知觉特性的影响下会影响建筑与空间的表现与感受，而不仅仅是对其他材料的模仿。传统的建筑材料在历史上有过辉煌的成就，在今天仍然具有其自身的价值，且其材料自身的特性与当代技术理念的结合不断被挖掘，其材料的自主性表达更加自由。

3 美丽壮乡村寨虚拟建筑的改造设计的方案探索

本案建筑依山而建，强化了观赏效果，与周围环境搭配协调。本案就地取材，选用具有当地特色的石头搭建而成，配合枯枝作为屋顶和窗户的材质，通过自然的形态和厚重的感觉与古朴的村寨相呼应（图1），让人民体会自然之美。枯木、竹林、小溪的点缀使整个设计具有浓郁的乡土气息，在改变中求统一。设计手法较为简练，移除多余的装饰元素，突出建筑本身的需要。为了能够合理化利用泉水，解决泉水功能的问题，本案借鉴了流水别墅的处理手法。在保持乡村建筑原貌不变的基础上，植入了新功能区的设计，目的是为了改善村民的生活质量和生活环境，使村民有机会近距离接触自然，漫步在别有情调的乡间小路上。通过模型多角度的展示，我们可以从各个角度进行近距离地观察和分析（图2），一草一木一水都可以净化心灵，

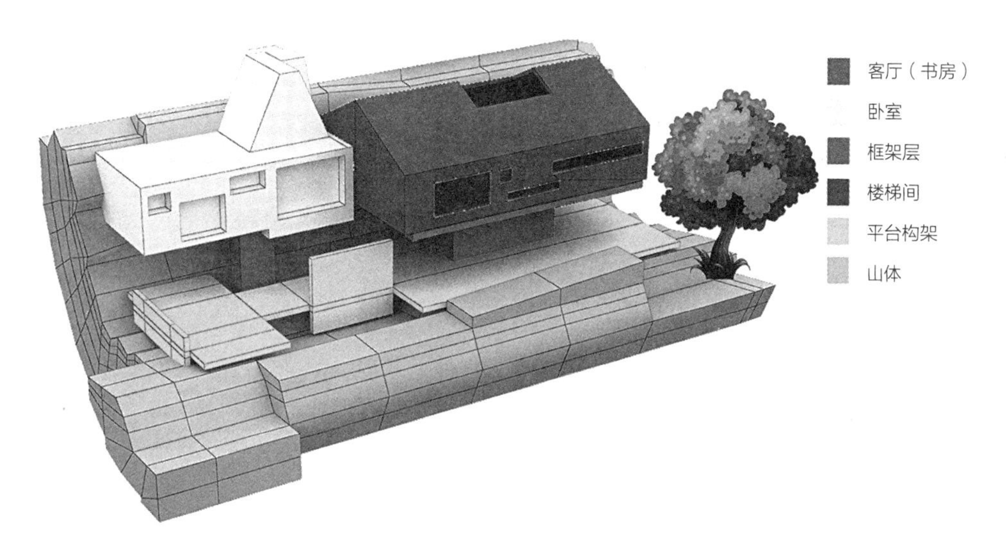

图1　色彩结构分析图

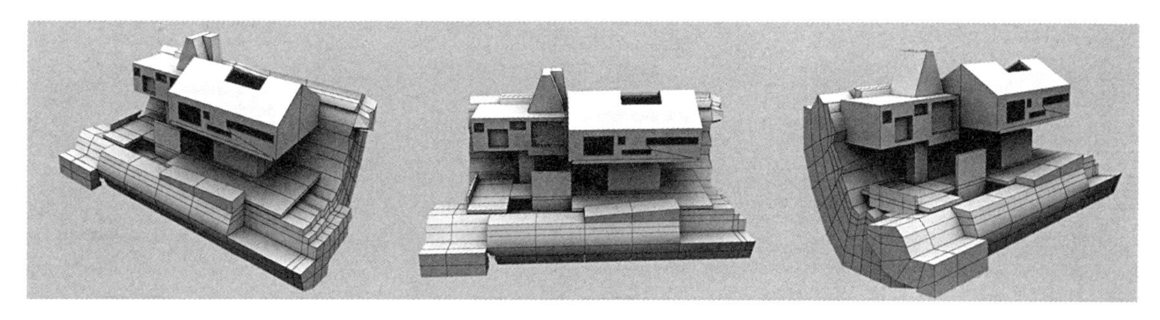

图2　多视角结构图

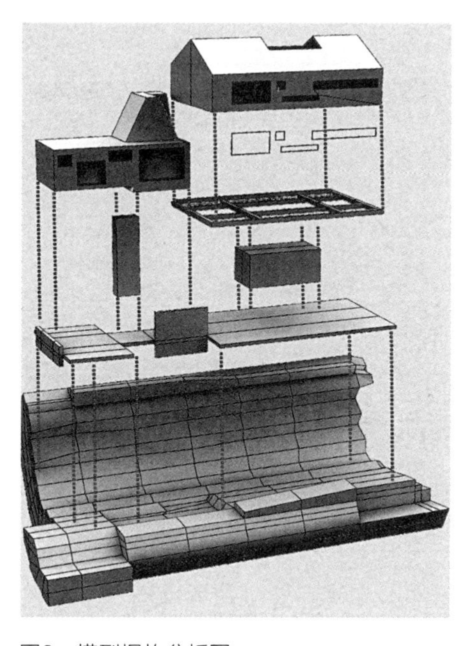

图3　模型爆炸分析图

陶冶情趣。特殊的建筑视野能更好地欣赏村子的美景，同时也可以放松心情，释放压力。把人工建造的环境和当地的自然资源融为一体，增强人与自然的互动性，使自然开放空间对于乡村景区和总体环境的调节作用越来越重要，逐步形成一个科学、合理、健康的乡村格局，达到真正的“为村民设计”的目标[5]。前期运用创意头脑风暴增加了各种设计的可能性，在设计过程中不断考虑如何运用当地自然资源来与设计结合。受老师启发，我前期创作了4套方案，最后选择了较为合理的方案进行模型制作，将建筑、景观、水体和人文结合起来，将村民的五大感官与自然环境结合起来，营造了一个安静、清洁、美丽、舒适的生态型居住建筑（图3）。

4 结语

乡愁是人民对自己的家乡思念的忧伤心情，这种细腻的情感便是设计师能为传统民居所保留的灵魂。人们在与世界交流的过程中，是以多种感官为媒介的，所以我们应该对自己的感觉细细品味。目前设计与技术都在向这一方向前进。新技术的出现并非是为了取代那些“传统”，而“传统”也要容纳“创新”，这样一来，我们做出选择的余地也就更大了。而另一方面，通过实践，我们要保留优秀的、有益或无害的传统村镇建筑文化遗产，创造新颖的、有时代特征的、为广大人民乐于接受的、新时代的村镇建筑文化。即使是“洋”的东西，落地生根开花结果了，也是中国的乡土文化。

参考文献

[1] 程跃．文脉思想在环境艺术设计作品中的设计表现形式——对古代建筑的发掘[J]．艺术科技，2013（10）：233.

[2] 甘璐．论“虚实相生”理念在现代室内设计中的应用与发展[D]．湖南师范大学，2014.

[3] 陶雄军．在地设计——壮族寨洲设计工作营实践教学[M]．南京：江苏凤凰美术出版社，2016.

[4] 陶雄军．广西北部湾地区建筑文脉[M]．南宁：广西人民出版社，2013.

[5] 楼庆西．乡土建筑的装饰艺术[M]．北京：中国建筑工业出版社，2006.

作者简介：郭君健，男，1982年12月生，河南漯河人，许昌学院副教授，河南省工艺美术学会副秘书长，许昌市非物质文化遗产项目（钧瓷烧制技艺）市级传承人。

5 教师总结

多维一体，以乡土实践为导向的人才培养实验

陶雄军

为繁荣发展艺术事业，经国务院批准，设立国家艺术基金（英文名称为China National Arts Fund，英文缩写为CNAF）。国家艺术基金是由国家设立，旨在繁荣艺术创作、打造和推广原创精品力作、培养艺术创作人才、推进国家艺术事业健康发展的公益性基金。国家艺术基金坚持文艺“为人民服务、为社会主义服务”的方向和“百花齐放、百家争鸣”的方针，尊重艺术规律，鼓励探索与创新。

1 项目来源与实施项目的主体

1.1 项目来源：本项目为2016年度中国国际艺术基金立项项目，项目名称《“美丽壮乡”——民居建筑艺术设计人才培养》，项目证书编号20165022，项目经费80万，培养学员30名，结题时间2018年。

1.2 实施项目的主体：项目的实施主体单位为广西艺术学院，具体在广西艺术学院建筑艺术学院进行相关培训工作。广西艺术学院始建于1938年1月，为中国6所省（区）属综合性艺术类本科高等学校之一，中华人民共和国文化部与广西壮族自治区人民政府共建高校，广西博士点立项建设高校，现有6个硕士一级学科。学校以“国内一流、国际知名、特色鲜明的综合性艺术大学”为发展建设目标，努力为促进国家和地方经济社会发展，特别是文化艺术事业的繁荣和发展作出更大的贡献。其壮族自治区优势，为研究、保护、传承壮族民居建筑艺术提供了得天独厚的条件。在非物质文化遗产、人居环境研究、乡土建筑设计、民族建筑技艺传承研究等方面拥有雄厚的师资力量，是西南地区重要的民族建筑与环境艺术设计实践与理论研究中心。

美丽壮乡民居建筑艺术设计人才培养项目，项目组负责人：陶雄军，教授，广西艺术学院建筑艺术学院副院长，环境设计学科带头人，硕士研究生导师。

项目组主要成员为：徐洪涛，现任华蓝设计（集团）有限公司副总建筑师，设计研究院总建筑师，国家一级注册建筑师，教授级高级工程师；邓军，教授，广西艺术学院（原）党委书

记，艺术管理学科带头人，硕士研究生导师。玉潘亮，壮族，教授级建筑师，硕士研究生导师，广西艺术学院建筑艺术学院建筑设计系主任。莫敷建，副教授，广西艺术学院建筑艺术学院副院长，硕士研究生导师。特邀：澳大利亚新南威尔士大学博导徐放（Fang xu）教授全程参与此项目，在此特别感谢。项目学术秘书：肖彬，广西艺术学院建筑艺术学院科研与研究生部副主任。

2 实施项目的学术价值和实际意义

壮族是我国人口最多的少数民族，为古百越族群后裔。在壮族丰富多彩的民族文化中，民居建筑艺术占有非常重要的地位。壮族民居建筑与少数民族生活息息相关，形成了独特的构造技艺和村寨组合形式，创造了具有鲜明地方民族风格的“干栏式”建筑。其建筑形制成熟而完善，具有重要的研究价值和实际应用价值，被越来越多的学者和设计师关注。但是，随着社会发展速度加快，壮族传统村落和民居正面临消亡和汉化的趋势，如何保护和传承壮族民居建筑传统构造技艺和民族村落文化，实现民居村落的有机再生是目前面临的问题。“美丽壮乡——民居建筑艺术设计人才培养”项目，有3点主要目的和意义：

1. 符合国家政策导向。习近平同志指出：美丽中国要靠美丽乡村打基础，还强调新农村建设一定要充分体现农村特点，注意乡土味道，保留乡村风貌，留得住青山绿水，记得住乡愁。通过“美丽壮乡——民居建筑艺术人才培养”课题项目，结合广西历史文化名村建筑保护创意设计工作营、培养特色乡村、宜居乡村的专项设计人才，培育中国传统文化保护与传承发展意识，积极促进广西壮族地区传统村落建筑文化保护与可持续发展。

2. 体现民族地区优势与传承文化遗产。广西是壮族的主要聚居地，具有丰富的建筑艺术文化资源。在以壮族为主体民族的区域基础上来培养民居建筑艺术设计人才，奠定了丰富的人才储备资源及政策支持。通过相关建筑技艺研究、人居环境、村落环境规划创意设计等知识的学习以及对壮族民居建筑技艺的记录与研究，为传承和保护壮族民居建筑技艺这一非物质文化遗产做出贡献。

3. 培养高层次创新人才。该项目跨学科整合师资协同创新，结合建筑、美术、文化遗产保护和旅游产品开发等相关学科，重点在于艺术实践和经验传授，开拓艺术视野，学习和拓展艺术设计水平，从壮族民居建筑文化中吸取更多的创作灵感，让学员领略壮族民居建筑艺术的魅力，学习民居建筑传承保护的相关知识，掌握乡土建筑设计实践经验，培养新型民居改造和乡土人居环境再造的高级人才，为国家民族地区培养古村落建筑保护创意设计的高级专门人才。

3 多维一体，以实践为导向的项目实施过程

如何让乡土系得住乡愁？如何使传统走向现代？如何令建筑设计切实与本地文化及地缘相关联？本项目利用“乡土实践”策略，把传统的优秀建筑文化进行设计再创造。

3.1 以乡土实践为导向制定实施计划与预期目标

项目专家团队对项目内容、实施方案等进行论证和整体设计。按照国家艺术基金要求，确定培训方案并制定好详细的培训计划、招生计划，落实培训学员。项目于2017年8月4日正式开班。

预期目标：开展广西壮族地区古村落田野调查，资料收集整理。考察国内获联合国教科文组织文化建筑保护与发展奖项目，对实地案例进行分析研究。通过系统的训练，让学员掌握壮族古村寨规划设计的基本理念、壮族传统干栏式建筑的设计方法和技巧，跨文化协同创新，结合当地政府的特色乡村改造及扶贫项目工作，建立壮族古村寨建筑文化创意特色旅游开发示范村。发动当地原住居民参加，提高村民参与度和获得感。依托2015年与河池市政府签订的合作协议，进行实地壮族村落民居建筑保护与创意设计工作营。建设壮族干栏式民居建筑的信息数据库，开展壮族干栏式民居设计图纸采集与测绘，新乡土壮族民居建筑创作设计，建筑模型制作等。形成一整套专项理论与人才培养实践成果。组织学员就考察和实践中的认识进行讨论，并进行设计成果汇报展示。由导师指导，听取当地政府和居民的意见，邀请社会各界人士对项目进行综合评审，帮助学员进一步提高对壮族乡村民居设计和人居环境规划的认识。为了扩大影响，成果汇报展将进行多次公开展览，成为壮族乡村民居建筑艺术的宣传活动，是“美丽广西”建设工作的有机组成部分。最后，将对此次工作营理念和模式进行总结，与设计成果汇集成册公开出版，进一步扩大社会影响力。

专项成果：培训合格30名新型城镇化建设“美丽壮乡”建设的民居建筑艺术设计专项人才，学员集体建成具有代表性的壮族干栏式民居建筑信息数据库，包含壮族干栏式民居设计图纸与测绘资料与实考影像资料。完成新乡土壮族民居建筑创作设计，制作完成30个各具特色的乡土民居建筑模型及配套设计图纸。举行设计成果汇报展览，对此次《“美丽壮乡”——民居建筑艺术设计人才培养》的理念和模式进行总结，与设计成果汇集成册公开出版，进一步扩大本项目人才培养工作的社会影响力。2017年12月向国家艺术基金提出结项申请，并按相关

要求报送项目结项报告书、验收材料和影像资料文件。

3.2 以多维一体策略来组织师资与学员构成

师资与授课内容：本项目聘请了数十位学术造诣深厚的专家教授担任项目导师。相关专家包括：美术家、设计艺术家、建筑师、建筑史学家、建筑文物保护学家、民族学家、木构建筑非遗传承人、环境规划设计等领域专家。其中包括澳大利亚新南威尔士大学、上海交通大学、同济大学、华南理工大学等国内外著名高校的教授，及广西侗族木构建筑技艺非遗传承人。项目导师组体现了学科背景的多元性，为学员们带来了国际前沿的学术视野与多维度的知识体系。坚持将民族性、地域性作为特色素材来源，将国际前沿设计理念与乡土设计相结合。项目实施过程中多次深入广西三江县、百色地区乡村进行传统村落民居建筑勘察，让学员们脚踏实地，真切感受壮乡传统民居的文化价值与营造技艺，并且深入了解其具体的使用功能及优缺点，让学员们采集到了第一手素材。在项目开展的过程中，安排师生进行了多次实地研讨会，其中包括在三江县政府举行的侗族建筑文化传承与发展专项研讨会。活动受到三江县政府办的大力支持，三江县村寨管理局、住建局、申遗办相关领导出席了学术研讨会，向学员们介绍了三江县在村寨建设和保护中的举措以及在申报世界文化遗产中遇到的问题和困难。民居特色保护和乡村经济的发展是一对矛盾而统一的整体，如何平衡村民利益和文化保护的需求是面临的现实问题。研讨会取得了非常好的效果，开拓了学员们看民居建筑问题的视野，对少数民族村寨及建筑艺术的保护和发展进行进一步探索，寻求发展之路。项目实施的过程中，按计划组织实施了一次设计工作坊，培养学员们的团队协作与思维导图设计能力、绘图能力与模型制作能力。本项目的教学设计贯穿了以乡土实践为导向的研究学习方法，使学员掌握了古村落保护与创新发展的国际前沿理念，积累了创意设计实践经验。具体授课内容详见结题报告，本文不再逐一罗列，感谢各位授课教师的悉心教学与指导。

学员构成：本国家艺术基金人才培养项目，共有来自全国各地的30位学员参加项目培训学习，学员中有高校的讲师与多位副教授、设计院的设计师、城乡木建筑匠人、建筑模型公司专家以及政府相关部门的专家。他们分别来自：广西、云南、河南、陕西、湖南、江西等省份。录取学员时，充分考虑了学员专业背景的多元性与单位地区来源的多维性。这样的学员构成特质，非常有效地促进了学习创作。

4　多维度的设计作品及理论研究成果评述

4.1　创新性的、特色的设计成果维度

本项目顺利开展并收到了一系列的成果，最具代表性的成果为学员们的30件民居建筑设计作品，这些作品是他们经过两个月的集中授课学习、乡村实地考察、专题设计工作坊、多次学术讲座研讨会之后，经过自己的思考和设计创作体会，而最终产生的设计成果。每套民居建筑作品均有设计图纸绘制与建筑模型制作，且有设计作品的创作思想解析，图文并茂，完成度较高，具有较高的学术性与较好艺术美观性。从创作、学术取向与个案选题来看，学员的作品均紧紧围绕“美丽壮乡”民居建筑这一主题来展开创作，具体包括有：壮族民居、桂北汉族民居、侗族民居、毛南族民居、瑶族民居等个体类型。学术取向上，基本遵循了对传统民居的传承创新与发展这一思路，有对建筑功能空间进行改造的设想，有对建筑结构体系再创新的思考、有在遵循建筑文脉的基础上，思考如何进行现代装配式的设计组合，有对建筑材料与生态方面思考的作品，有对建筑形态与外观新乡土建筑风貌设计的思考等，作品形式多样，精彩纷呈。建筑模型制作上，学员们充分利用了建筑艺术学院的建筑模型制作实验室，掌握了建筑模型制作的结构原理与制作技艺，通过电脑雕刻与手工制作相结合，按比例制作成一系列的民居建筑模型。模型制作材料选择上运用了纸板、木板、原木、金属、玻璃等材料。建筑模型非常直观地呈现出学员们多维度的设计思想。通过乡土建造技术+体验传统的生活状态，传承建筑文脉，构建身份认同与基本审美语境。

4.2　实践性的理论研究成果维度

学员们大都具有良好的专业背景与工作经验，在顺利完成设计创作图纸与模型的基础上，进行了项目设计创作理论的研究与总结，完成了一系列的学术论文，本书选择了一部分学员的研究论文发表。如：程晴学员的《广西侗族民居建筑模块化设计探索》，探索运用模块化设计，将新材料、新工艺运用在侗族民居的建造上，吸收侗族民居建筑的造型之美，在保护传统村落整体风貌的同时，又能改善当地居民的生活空间环境，提高居住的舒适度；黄慧玲学员的《基于现代生活需求的桂北地区汉民居建筑空间格局再设计》，对当前存在的居住问题进行分析，为适应现代生活，对建筑空间格局进行再设计；宋欢欢学员的《广西侗族传统木构民居再生的对策思考》探讨相关再生对策，旨在提高木结构建筑的再生能力；王瑾琦学员的《广西壮族干栏式建筑空间的现代重构性思考》，深入挖掘广西壮族民居建筑在现代环境中的多种可能性；肖振萍学员的《广西壮族村寨民居的改造探索》以当代生活方式的融合形式激活传统壮族

建筑在当代乡村的生命力，为美丽乡村的改造建设提供可实行的思路；张欣学员的《桂东北湘赣式古民居空间转化设计研究》强调家族聚居的宗族制度、正统的礼制传统，研究通过礼制思想，来维护一个稳定的，长幼尊卑有序的居住空间，郭君建学员的论文《文脉与诉求——桂北山区居民创新设计的创作探析》，其研究与作品创作关注到了山区民居的当下宜居性与文脉传承创新问题，提出了本土文脉与当代需求结合的新民居设计策略，同时还思考了山地民居如何与乡土地理环境有机组合的方式，回应了当下新农村设计中对特色风貌的挖掘与乡土空间营造。这些学员的研究论文与设计作品思想为一体性，将理论研究与实践设计结合，学术视角直面具体的民居建筑传承创新问题，具有较好的启示意义。

4.3 良好的社会效应维度

项目立足地方服务社会，和当地政府有关部门配合，建立壮族民居村落创意设计开发示范村。乡土民居建筑可以看作是现代性与传统性的统一体，在学员和专家构成及项目设计上实现多元化，构建多方交流与合作的平台，惠及村落里的原住民，使壮乡村落民居建筑艺术在当今社会中焕发生机。建设壮族干栏式民居建筑的信息数据库，收集壮族干栏式民居设计图纸与测绘信息，进行新乡土壮族民居建筑创作设计，建筑模型制作等，形成一整套专项理论与人才培养实践成果，作品公开展出时广获社会各界好评。澳大利亚新南威尔士大学艺术与设计学院博导徐放教授，专门为本项目著文《"美丽壮乡"——一次对乡土建筑保护与发展未来富有意味的探索实践》。正如徐放教授所说："学员们在一起分享学习心得，取长补短，建立联系，本身是一个优势资源整合的好机会。每个人都像是一颗宝贵的种子，在经历了60天日日夜夜的沁润之后回到各地，将在那里生根发芽成长，使本项目实际上起到了一个示范效应。在这些学员的引领下，可以预见的是，在探索本地区乡村民居建设方面将会出现许多宝贵的努力。"项目为"美丽广西"特色乡村、宜居乡村建设工作提供专项人才支持。学员的部分设计作品已经开始探索性实施，30套民居建筑设计作品及其设计理念，具有较好的可推广应用价值，开始产生良好的社会效应。

5 结语

本项目于2017年系统完成了项目各项指标任务，并于2018年顺利结题，培养了一批新型民居建筑艺术设计的高级人才，形成了一批探索民族建筑设计创新和民居村落的有机再生理论研究成果，推动了广西新型民居建筑艺术创作的繁荣发展。培训期间学员们表现良好，组织纪律性强，班干学委管理得力，圆满完成培训任务和预期设计成果。广西民族大学博导龚永辉教授（项目任课导师）多次提到，这个班的学员们不简单，直接用了“强大”这个词来形容。学员们表示此次培训授课内容丰富，授课形式灵活，既丰富了学术视野，又对民居艺术的传承和发展获得了有益的启示和思考。通过对民族设计元素及有机再生理论的应用研究，使建筑设计的民族性和现代性有机结合，以实现本土建筑文化继承、保护和发展。“多维一体，以乡土实践为导向的人才培养实验”——国家艺术基金“美丽壮乡——民居建筑艺术设计人才培养”项目总结，仅供与同仁共勉之用。感谢为本项目顺利开展，付出努力和支持帮助的各位朋友！

“美丽壮乡”

——一次对乡土建筑保护与发展未来富有意味的探索实践

徐放

农业、农村和农民，它们以三农一体的方式代表了数千年乡土中国的生产结构、文化结构和社会结构。若要寻找中华文明遥远绵长的根，感受中华传统文化的创造性、灿烂性、多样性和地域性，那一定是在乡村里，在三农里。然而，中国的乡村一直以来不断地受到来自政治、经济、技术和其他文化因素的挑战。尤其是经历了过去几十年现代化、城市化的巨大冲击，乡村传统原本相对和谐的三种结构关系正在被逐步消解，乡村传统的原始性和它承载的文化积淀正面临消亡。对于一个文化传承数千年的民族来说，这将是一个不可弥补的巨大损失。所幸的是，早在2005年中央政府就提出了建设“美丽乡村”的口号，强调要为农民建设美丽宜居的乡村。政府的各主管部门为此出台了一系列支持政策。2015年“美丽乡村”的国家标准出台，它支持新列入中国传统村落名录的村落编制保护发展规划，支持各地开展抢救性保护试点。它要求传统村落合理依托历史文化资源，开展文化创意、科普教育、休闲旅游等多种发展模式，并从宏观的管理层面，提出要由政府主导、政府投入、统一规划、开发、管理、管理权与经营权统一。在对文物保护和基础设施提升的同时，注重保护民众利益和社会效益。过去这些年来，社会各界，包括一些企事业单位和个人积极响应，形成了多种形式的乡村保护和发展的实践案例。例如：特色民居村，特色民俗村，现代新村，历史古村等，它们主要通过乡村旅游，休闲农业，生态农业相结合的发展思路，为解决乡村所面临的各种问题做出了一些有益的尝试。但是，这些实践大多数是建立在由外部的资金和管理直接输入的基础上，许多都未能深入触及当下三农问题的根本，对乡村的生产结构，文化结构和社会结构三者失调的问题改善有限。因此，如何能够在新的历史条件和机遇下，把对乡村这个“文化遗产”的保护，与探索新型的三农特色和重构和谐的三大结构关系有机地结合起来，已成为乡村保护和发展在理论和实践两个方面都要积极面对和大胆探索的问题。要实现“美丽乡村”的理想，就必须在战略思想和实践方法两个层面采取行动。要根据不同地区农村的实际情况，进行前瞻性的探索和实践。

2016至2017年由广西艺术学院陶雄军教授领衔的“美丽壮乡——民居建筑艺术设计人才

培养”项目，正是在这样的大背景下针对乡村保护与建设问题的一个积极回应，它获得了国家艺术基金的特别支持。项目从配合国家政策导向，体现民族地区优势，传承民族文化遗产，培养高层次人才和服务少数民族地区发展五个方面，设定了项目追求的目标，体现了这个项目的独特价值。它充分发挥了建筑艺术学院的专业优势，把“三农”所反映出来的问题放置在民居建筑这个载体上。 并通过艺术设计的手段，以与乡村民居建筑互动的方式，实际上承担着一个重塑乡村文化结构，影响乡村生产结构和社会结构的使命，从而对国家“美丽乡村”的发展方向产生积极的影响。为了实现以上目标，项目组从课题的内容设计，培养对象选择，师资力量组织，具体实施安排，设施条件配备等方面都做了精心的准备，使为期45天的国家级项目，全面地实现了项目设立的初衷。“美丽壮乡”为解决当前传统乡村保护和建设这个繁杂的问题，提供了一个具有现实意义，又不乏前瞻性的探索实践，见证了民居建筑设计对传统乡村的保护和发展建设可能产生的积极影响。

民居建筑与三农息息相关。它是农业文明活化的载体，农村环境面貌的佐证，农民生活方式的反应。过去几十年来对乡村三农一体冲击最大的莫过于对乡村民居建筑的破坏。不论是有意的还是无意的，一些所谓的现代化民居，把砖块砌成瓷片包裹的方盒子插入在一个个乡村里，完全违背了中国广大乡村经过长期的历史选择而形成的乡村自然和人文景观。既不适应乡村的地理环境，又不能满足村民的生产生活需要。随着这些无序的方盒子堆砌的越来越多，最终将数百年积淀而成的乡村区域环境和建筑特色破坏殆尽。因此，“美丽壮乡”的课题内容设立侧重于木结构建筑，从壮族地区的小乡村开始，可谓是直接面对乡村问题的关键，具有很强的针对性和现实性。

参加本项目的30位学员来自广西和周边省份，有教师、设计师、民居的能工巧匠、文化工作者、研究生以及地方政府有关部门的公务员等。他们对民居建筑有一个相同的认识和热爱的情结。因此，他们在一起分享学习心得，取长补短，建立联系，本身是一个优势资源整合的好机会。每个人都像是一颗宝贵的种子，在经历了45天日日夜夜的沁润之后回到各地，将在那里生根发芽成长，使本项目实际上起到了一个示范效应。在这些学员的引领下，可以预见的是，在探索本地区乡村民居建设方面将会出现许多宝贵的努力。

参与本项目的指导老师也可谓是最佳选配。来自国内外从事文化、历史、民居建筑、艺术等方面的学者专家，长期在一线实践的著名建筑师，以及广西艺术学院的专业教师们组建了本项目的师资队伍。配合项目的进度，他们既提供了理论和观念方面的指导，又给予了实践和制作方面的具体关注。使学员们通过项目实施的具体过程，在相对较短的时间里能比较全面地学习壮乡民居建筑的缘起，揭示影响它发展变化的内外因素，认识它在乡土文化中的重要地位，探索它对未来新农村建设的特殊作用。

本项目的教学设计贯穿了以实践为导向的研究学习方法。项目前期学员们学习西南地区民居建筑的有关历史、文化、建筑技术、艺术风格等理论知识。在对民居建筑的一般特性有了较为系统认识的基础上，学员们对项目的现场进行实地考察。并由民居工匠具体讲解典型的民居建筑所采用的民间传统建造方法，使学员们能够把所学的抽象理论知识，结合到一个个具体的民居实例中进行解读。在仔细观察，记录和体验的过程中，学员们重新认识，理解，评价民居建筑所涉及的各种理论和实践问题。例如，自然环境、地形条件、建筑材料、制作方式等对民居建筑的影响和作用；木质建筑防火、隔音处理、卫生设施以及农家的生活生产方式对民居的一些特殊要求。由此，把民居建筑艺术设计的命题，放置在一个更大的认知框架中来进行解读。这对培养学员们在新农村建设，可持续发展等更加复杂的现代社会语境中，把握好乡村民居建筑艺术设计的大方向来说意义重大。

为了实现以上的目标，项目后勤组的老师们做了大量的前期准备和配套设备资源的支持工作。学院的实验室为学员们提供全日制开放，并专门安排了器械操作的指导老师，帮助大家熟悉制作材料、工艺和过程，使项目的学习成果可以用直观的三维模型展示出来。对于许多学员来说，这个过程是一个测试他们对乡村木结构建筑原理学习理解的机会。在缩小模型的制作过程中，他们进一步认识木材的特性、细木工和结构的特点以及从材料选择、零件制作到装配的整个施工过程。这不仅保证了传统工艺的精髓得到保护和传承，而且为探索优化传统工艺遗产的新途径奠定了良好的基础，使其能够更好地适应乡村地区不断变化的生活方式和生产方式的需要。因此，通过运用艺术的手段，该人才培养项目成功地解决了许多其他方法无法解决的问题。这是“美丽壮乡”项目的独特价值。

如何说本项目还有什么美中不足的话，也许是学员项目在处理整体布局设计和个体建筑设计之间的关系方面。教学过程较多的强调了个人的学习成绩和个体建筑设计的表现效果。如果能把所有的个体建筑同时放置在一个整体布局的语境中来进一步探讨，学员们或许在探究适应性和个性之间的处理方面，可以得到更全面的收获。毕竟民居建筑的一个非常重要的特色，就是它因地制宜，适应环境地理条件所形成的建筑格调，而建筑个体只是整个格局中的一个有机部分。尽管如此，仍然可以毋庸置疑地说，项目的过程和成果是令人欣慰的，每一个学员都很好地完成了预期的学习目标，这在项目结题的汇报展览中得到了充分的体现。希望学员们能把项目的所学所为，作为一种进一步探索中国乡村民居建筑设计的动力，并为中国的“美丽乡村”建构一种与时俱进的生产结构、社会结构和文化结构的和谐关系，作出他们这一代人的贡献。

Beautifying Zhuang Village

– A meaningful exploration of the future of protection and development of the rural vernacular building

Fang Xu
Professor of University of New South Wales, Australia

Agriculture, Rural village and Peasants (ARP) represent the production structure, social structure and cultural structure (3S) of rural China for thousands of years in its trinity. To find the long roots of Chinese civilization and to feel the creativity, splendour, diversity and regionality of Chinese traditional culture, it must be in the countryside relating to the ARP. However, China's rural areas have been constantly challenged by political, economic, technological changes and other cultures interruption. Especially after decades of modernization and urbanization, the three structural relationships of rural traditional harmony are gradually being resolved. The originality of the rural tradition and the cultural accumulation it bears are facing extinction. For a nation whose culture has been passed down for thousands of years, this will be an irreparable and huge loss. Fortunately, in 2005 the central government put forward the slogan of "Beautiful Villages", emphasizing the need to build beautiful and livable villages for farmers. The government's authorities have issued a series of support policies for this purpose. The national standard for "Beautiful Villages" was introduced in 2015. It supports the village protection and development plans for the newly established list of traditional Chinese villages and supports the pilots of rescue protection in various places. It requires traditional villages to rely on historical and cultural resources reasonably to carry out various development models such as cultural creativity, popular science education and leisure tourism. From the macro-level of management, it is proposed that government-led, government-invested, unified planning, development, management, management and management rights should be unified. At the same time as the promotion of cultural relics protection and basic implementation, attention is paid to protecting the interests of the people and social benefits. Over the past years, all sectors of society, including some enterprises and institutions, have responded positively, forming various forms of practice in rural villages protection and development. For example "characteristic vernacular villages", "characteristic folk villages", "modern new villages", "historical ancient villages", etc. They mainly make some useful attempts to solve various problems faced by the countryside through the combination of rural tourism, leisure agriculture and ecological agriculture. However, most of these practices are based on direct input from external funds and management. Many of them fail to reach out to the current issues of the ARP, and unable to face the problems of a poor 3S relationship. Therefore, how to combine the protection of the "post-cultural heritage" of the countryside with the exploration of the new form of the ARP and reconstruction of the 3S relationship under the new historical conditions and opportunities has become the theoretical and practical issues of rural protection and development. To realize the goal of "Beautiful Villages", it is very necessary to take action at both levels of strategic thinking and practical approach. It is necessary to make forward-looking explorations and practices in accordance with the actual conditions of rural areas in different regions.

From 2016 to 2017, led by Professor Tao Xiongjun of Guangxi Arts University- "Beautifying Zhuang Village"– a talent training project of the artistic design of the rural building,was established, which is precisely in response to the above concerns of rural protection and construction, it received special support from the National Arts Foundation. The project sets up the goal with five specific objectives: being in line with the national policy orientation, embodying the advantages of ethnic areas, inheriting the national cultural heritage, cultivating high-level talents and serving the development of minority areas, which reflects the unique value of the project. It gives full play to the expertise of the School of Architectural Art, places the problems reflected in the 3S integration on the carrier of the residential building. Through the means of artistic design, in the way of interacting with rural residential buildings, it actually undertakes a mission of reshaping the rural cultural structure and influencing the rural production structure and social structure, thus having a positive impact on the development direction of "Beautiful Villages". In order to achieve the above objectives, the project team made careful preparations from the project's content design, training participators selection, project mentors appointment, specific tasks arrangements, as well as facilities and equipment support, so that this 45-day national project can fully realize its original intention."Beautifying Zhuang Village" provides a realistic and forward-looking exploration case for solving the complicated problem of traditional rural villages' protection and construction, which witnesses the positive impact that residential building design can have a role to play on the protection and development of traditional rural villages.

Residential buildings are closely related to the ARP. It is the activated carrier of the agricultural civilization, the evidence of the rural environment, and the expression of the peasant lifestyle. The biggest impact on the ARP in the past few decades has been the destruction of residential buildings. Whether it is intentional or unintentional, some so-called modern houses -the square boxes made of bricks and wrapped by tiles are inserted into the villages, completely contrary to the rural nature and humanities landscape formed by the long-term historical choices in the vast Chinese villages. That is to say, it neither fits into the geographical environment of the countryside nor meets the needs of production and living of the villagers. As more and more of these disordered square boxes are piled up, the regional environment and architectural features that have been accumulated for centuries will be finally destroyed. Hence, the project content of "Beautifying Zhuang Village" focuses on the wood-structured buildings, and starts from the small villages in the Zhuang region. It is straight to the crux of the rural problem, and it is highly targeted and realistic.

The 30 participants who participated in the project came from Guangxi and surrounding provinces, including teachers, designers, skilled craftsmen, cultural workers, graduate students, civil servants of relevant departments of local government, etc. They have a common understanding and love for residential buildings. Therefore, they share their learning experiences, learn from each other's strengths, and establish relationships. It is a good opportunity to integrate resources. Everyone is like a precious seed. After 45 days engaging in the project through day and night, they will return to various places where they come from. so that this project will also play a demonstration effect. Under the leadership of these participants, it is foreseeable that there will be many valuable efforts emerging in the exploration of the construction of rural dwellings in their area.

The instructors who participated in the project are also the best choice. Scholars and experts from home and abroad specializing in culture, history, residential architecture, art, etc., famous architects with rich experience, the academic staff of Architectural Art School, formed the project's faculty. In line with the progress of the project, they provide both theoretical and conceptual guidance, as well as practice and production supervision. Through the specific process of project implementation, the participants can comprehensively study the origin of rural Zhuang dwelling in a relatively short period of time, reveal the internal and external factors that affect its development and change, recognize its important position in the local culture, and explore its special role for the future new rural construction.

The program design of this project runs through a practice-oriented approach. In the early stage of the project, the students studied the theoretical knowledge of history, culture, architectural technology and artistic style of rural dwellings in Southwest China. On the basis of a more systematic understanding of the general characteristics of rural buildings, the participants conducted a field trip to the site of the project. The rural folk building craftsmen explain the traditional folk construction methods used in typical timber dwellings so that the participants can combine the abstract theoretical knowledge they have learned into a specific example of buildings on the site. During the process of careful observation, recording and experience, the participants re-recognize, understand and evaluate the various theoretical and practical issues involved in these buildings. For example, the natural environment, terrain conditions, building materials, production methods, etc. have an impact on the buildings; wood building fire prevention, sound insulation, sanitary facilities and farmer's life production methods have some special requirements for the buildings. Therefore, the propositions of the artistic design of residential buildings are placed in a larger cognitive framework for interpretation. This is of great significance for cultivating students in the more complex modern social contexts such as new rural construction and sustainable development, and better grasp the general direction of the artistic design for rural residential buildings.

In order to achieve the above objectives, the teachers of the project team logistics have done a lot of preparatory work and supporting equipment resources. The College's laboratory provides full-time access to the students and the technicians who specialize in the operation equipment help students familiarize themselves with the materials, processes and craftsmanship. The learning outcomes of the project can be presented in physical 3D models. For many participants, this process is an opportunity to test their understanding of the principles of rural timber dwelling construction. In the scale-down model making process, they further cognise the characteristics of wood materials, the features of the joinery and structure, as well as the whole process of construction from materials selection, parts making to assembly. This not only ensures that the essence of the traditional craftsmanship can be protected and passed down but also lays a good foundation for exploring new ways to optimize the traditional craft heritage so that it can better adapt to the changing lifestyle and production methods in rural areas. Therefore, by using the artistic method and means, this talent training project is successful to solve the problems that cannot be solved by many other methods. This a unique value of the "Beautiful Zhuang Village" project.

If there are any shortfalls in the project, perhaps in dealing with the relationship between the site overall layout design and the individual building design, the project process emphasizes more on individual academic performance and the output. If all separable buildings could be placed in the context of a holistic layout for further discussion, the participants might be able to gain a more comprehensive harvest in terms of the treatment of adaptability and personality. After all, a very important feature of the vernacular buildings is that it always adapts themselves to local conditions and fits into the environmental geography. Every building is an organic part of the overall pattern. Nevertheless, it can be said that the process and results of the project are gratifying, and each participant has achieved the expected learning goals well.This is fully reflected in the final exhibition of the project.It is hoped that the participants could use their learning outcome as a driving force to stimulate the development of new characteristics of the ARP, and harmonize a new type of 3S relationship for "Beautiful Villages" in rural China through their generation's contribution.

广西当代乡土建筑的探索

玉潘亮

1990年至2015年间，中国的村落数量锐减112.8万个，平均每天消失80至100个村落。中国传统村落在近三十多年里迅速消亡。在城市风貌趋同的情况下，乡村环境也正在失去可识别的地域特征，“文化趋同”现象愈发严重。

2013年中央一号文件提出，要“推进农村生态文明建设”，“努力建设美丽乡村”；农业部在2013年2月发布了《关于开展“美丽乡村”创建活动的意见》，11月确定了全国1000个“美丽乡村”创建试点乡村。2017年，“田园综合体”写入了当年的中央一号文件。2018 年十九大提出乡村振兴战略，要求统筹推进农村经济、政治、文化、社会、生态文明建设和党建等工作，中央一号文件对全面推进乡村振兴战略进行了全面部署。

实施乡村振兴战略的重大意义之一在于传承中华优秀传统文化，即“留住乡愁”。乡愁是什么？习近平总书记说：“乡愁，就是你离开这个地方就会想念这个地方”。乡愁浓缩了一个地方的生活，是文化认同的情感投射，故国之思，家园之望是中华民族的文化传统，更是当今美丽乡村的魅力所在。

近年来，在“留住乡愁”的政策舆论导向下，如何让乡村更像乡村、如何保留和传承乡土文明等一系列问题备受关注，作为传承乡土文明的重要载体——乡土建筑的保护和传承得到了社会各界前所未有的重视，乡村旅游迅速发展，乡土建筑研究也日益成为显学。

广西是我国少数民族的聚居地，地方民族文化与特色保存相对完整，民俗民风也相对淳朴，乡土建筑风格多样。其众多的少数民族使得其有丰富多彩的人文景观和民族文化，从而造就了其多样的传统乡土建筑形式。然而，近年的乡建热、民宿热、古村热，对广西乡土建筑的保护与发展来说并不全是积极的风潮，相反存在破坏性保护的不良现象。因此，需要对当代乡土建筑的设计策略进行深入的研究。

在此背景下，国家艺术基金“美丽壮乡——民居建筑艺术人才培”项目应运而生。本项目旨在让学员领略壮族民居建筑的艺术魅力，掌握民族村落建筑保护与创新发展的国际前沿理念，积累乡土建筑设计实践经验，培养新型民居建筑艺术设计的高级人才，为广西当代乡土建筑设计创新做出有益的探索。

培养守得住“乡愁”的艺术设计人才

莫敷建

中国城镇化和现代化的高速发展，在带来乡村经济振兴和缩小城乡差距的同时，也造成了乡村传统文化的困境，如何保护与传承少数民族乡村文化成为紧迫的现实问题和重要的理论课题。少数民族乡村文化是中华文化的重要组成部分，各族人民在社会历史发展过程中创造的带有典型地域特征的各类物质和精神财富，承载着中华少数民族宝贵的文化遗产和独特的历史文化信息。中国绝大多数物质和非物质文化遗产均分布在乡村，乡村是中华传统文明的重要载体，少数民族乡村文化是中华文化的重要基因库之一，是留守的乡人和在外怀乡人士的“乡愁”，也是少数民族乡村发展的根基和依托。正确认识并充分发挥少数民族乡村的文化价值，切实保护和传承少数民族乡村文化，是确保其具有独立文化价值的必要条件。

党的十九大报告中第一次提出了实施乡村振兴战略，明确了乡村振兴战略对新时期新时代建设中国特色社会主义伟大事业的重要性，确认了乡村振兴战略对解决农村发展问题、缩小城乡差距的作用。实施乡村振兴战略，对于艺术院校设计相关专业教学而言，有助于专业理论教学知识的实践应用转化，有助于艺术院校创新育人策略，并为地方经济发展和乡村振兴提供帮助。由广西艺术学院陶雄军教授领衔的“美丽壮乡——民居建筑艺术设计人才培养”国家艺术基金项目，一方面更好地服务乡村经济社会发展，为乡村振兴注入活力，另一方面也为改革创新艺术院校设计人才培养提供方案，为提升学生的专业素质和实践技能，提供了全新的视野。

美国加州大学的学者马丁 · 特罗教授针对不同国家高等教育的实际情况，基于社会学视角提出了一系列强化院校专业建设的具体措施，但是受到部分学校科研能力、办学水平的限制，导致很多高校都无法一一落实，只能重点发展部分特色专业。此外，美国著名的教育学家约翰 · 布鲁贝克在其专著《高等教育哲学》中也明确了不同学习阶段的专业教育要求，强调专业教育的社会实践应用。库兹涅茨在其专著《国民收入及其构成》中指出，教育的终极目的是为了培养社会需要的技能型人才，因此国民经济发展情况与产业结构调整情况都会对艺术设计人才的培养产生至关重要的影响。通过服务乡村振兴设计项目，调整艺术院校设计类教学和人才培养策略，有助于增强艺术院校师生的专业实践应用技能，有助于更多地为乡村经济发展和社会建设服务。本人所带的项目团队，对本校、周边多所兄弟院校以及广西少数民族地区开展了广泛的实践调研活动，尤其是通过带领师生团队服务中国西南地域少数民族乡村建设的真实项目（如贵州黔东南州铜关侗族大歌生态博物馆的互联网+村庄实践项目等），进而找出如何在乡村振兴战略下，有效开展乡村营建教学实践项目的人才培养模式方法论以及开展教学工作的逻辑。通过本课题研究的深入展开，本人也系统总结了艺术设计人才对推进乡村产业融合的作用，这为今后进一步开展服务乡村营建项目的设计教学应用和理论研究提供了实践基础。

“万物之始，大道至简，衍化至繁”，做守得住“乡愁”的设计，培养守得住“乡愁”的艺术设计人才，就是让师生从复杂的设计技巧中提纯，还乡村最本真的面貌。

后记

本书是本人主持研究的2016年度国家艺术基金项目《“美丽壮乡”——民居建筑艺术设计人才培养》的最终成果之一，本项目从2015年开始酝酿申报，到2016年获得国家艺术基金人才培养项目立项，前后开展的时间近三年。在本项目的申报、实施以及本书编写的过程中，得到很多同志的帮助。2018年本项目顺利结题，形成了一批丰富的，具有主题性、文脉性、创新性的民居建筑艺术设计创作成果，项目取得了非常好的专项人才培养效果。2019年将陆续开展后续成果的推广宣传工作。

首先，要感谢国家艺术基金及主管部门对本项目的认可，以及国家艺术基金专家对本项目的关心支持与指导。没有他们，该项目没有机会开展实施；其次，感谢学院领导的重视，没有学院领导及相关部门的重视，本项目不会这么顺利地开展和实施；感谢靖西市相关部门领导、三江县相关部门领导为项目提供了设计考察实践地点。

感谢广西艺术学院院党委书记、博士生导师蔡昌卓教授，广西艺术学院校长、博士生导师郑军里教授对项目的指导和大力支持。特别感谢广西艺术学院副院长陈应鑫教授，对项目全过程的关心与指导，并为本书作序一。感谢澳大利亚新南威尔士大学博导徐放教授，对项目全过程的关心与指导，为学员授课、指导设计工作坊，并为本书撰写了一篇国际学术视野的评述文章。感谢广西美术家协会主席石向东教授为本书作序二，并为学员们授课。优秀的合作团队是课题顺利结题的重要保证，所有课题组成员都付出了极大的努力。感谢几位项目组成员：徐洪涛、邓军、玉潘亮、莫敷建等专家教授，感谢项目组特邀参与成员：澳大利亚新南威尔士大学博导徐放教授，以及项目学术秘书肖彬老师。感谢来自华南理工大学的陆琦教授、上海交通大学的傅炯教授、广西文化保护研究所的黄槐武研究员等国内外多所高校和研究机构的20多位专家教授，担任指导教师，为学员带来了精彩的授课内容。感谢上海同济大学王国伟教授的精彩讲座以及来自全国各地的30位优秀学员的努力。因为大家的积极参与、悉心研究、教学、考察与创作，才会有今日项目的成功，成果的取得是大家共同努力之结果。

本人代表项目组，感谢广西艺术学院的大力支持，感谢广西文化厅文化艺术处的专项指导与广西美术家协会的积极支持。感谢广西艺术学院科研处处长陈坤鹏教授及科研处相关领导老师为项目提供了政策指导，感谢财务处张碧海处长（时任）及财务处相关领导为项目提供了财务工作上的指导和帮助，感谢国际交流处赵克处长及相关领导为项目提供了国际交流工作方面的指导和帮助，感谢建筑艺术学院黎家鸣书记、江波院长及参与项目工作的各办公室相关老师，为项目承办付出了大量的时间与精力。中国建筑工业出版社的唐旭老师与陈畅老师为本书的编辑工作付出了智慧和辛劳，在此表示真诚的感谢！在此一并向关心项目的所有朋友致谢！

陶雄军

2019年2月24日